Geschäftsmodelle für
AAL-Lösungen entwickeln

durch systematische Einbeziehung
der Anspruchsgruppen

Veronika Hornung-Prähauser, Hannes Selhofer
und Diana Wieden-Bischof

Dieser Band ist Teil der Schriftenreihe „InnovationLab Arbeitsberichte" des Forschungsbereichs InnovationLab der Salzburg Research Forschungsgesellschaft mbH. Die Schriftenreihe dokumentiert Ergebnisse aus Forschungs- und Innovationsprojekten.

© Salzburg Research Forschungsgesellschaft – März 2016

ISBN 9783739239309

Veronika Hornung-Prähauser, Diana Wieden-Bischof und Hannes Selhofer:

Geschäftsmodelle für AAL-Lösungen entwickeln
durch systematische Einbeziehung der Anspruchsgruppen

Band 2 der Reihe „InnovationLab Arbeitsberichte", herausgegeben vom Forschungsbereich InnovationLab der Salzburg Research Forschungsgesellschaft mbH

Verlag und Herstellung: BoD - Books on Demand, Norderstedt
Umschlaggestaltung: Daniela Gnad, Salzburg Research

Dieser Band beruht auf der Studie „Methoden zur Geschäftsmodell-Entwicklung für AAL-Lösungen durch Einbeziehung der EndanwenderInnen". Die Studie wurde von der Salzburg Research GmbH im Auftrag der FFG (Österreichische Forschungsförderungsgesellschaft) und des Bundesministerium für Verkehr, Innovation und Technologie (BMVIT) durchgeführt (Projekt-Nr. 846228, Oktober 2014 – November 2015). Der Band stellt ausgewählte Methoden und Ergebnisse vor. Homepage des Projekts:
http://www.salzburgresearch.at/projekt/aal-methods/;
Vollständige Methodensammlung: http://methodenpool.salzburgresearch.at/

Bibliografische Information der Deutschen Nationalbibliothek:

Die Deutsche Nationalbibliothek verzeichnet diese Publikation
in der Deutschen Nationalbibliografie; detaillierte bibliografische
Daten sind im Internet über http://dnb.d-nb.de abrufbar.

Vorwort

Ein wesentliches Kriterium für die Akzeptanz und den Markterfolg neuer Produkte und Dienstleistungen im AAL-Bereich ist die frühzeitige Einbeziehung der relevanten Stakeholder bereits in der Konzeptions- und Entwicklungsphase. Dabei geht es nicht nur um Usability-Aspekte, sondern auch um die begleitende Entwicklung eines tragfähigen Geschäfts- und Betreibermodells, um den schwierigen Schritt vom F&E-(Pilot-)Projekt in den Markt zu schaffen.

Salzburg Research führte dazu im Auftrag der FFG (Österreichische Forschungsförderungsgesellschaft) und des Bundesministerium für Verkehr, Innovation und Technologie (BMVIT) eine Studie durch (Oktober 2014 bis November 2015), die einen kompakten Überblick über verschiedene Methoden der Einbeziehung liefert. Die Studie wendet sich an zukünftige AAL-Projekte; sie soll diesen Anregungen geben und sie in der methodischen Konzeption des Projekts unterstützen.

In diesem Band stellen wir eine Auswahl solcher Methoden, die sich für den Einsatz in AAL-Projekten besonders gut eignen, vor. Eine umfangreichere Sammlung von Einbeziehungsmethoden ist online kostenfrei zugänglich (http://methodenpool.salzburgresearch.at/). Weitere Informationen zur Studie finden sich auf der Website von Salzburg Research (http://www.salzburgresearch.at/projekt/aal-methods).

Wir hoffen, mit diesem Band der „InnovationLab Arbeitsberichte" Anregungen geben zu können, wie man bei der Entwicklung von Geschäftsmodellen für AAL-Lösungen vorgehen kann, und damit einen kleinen Beitrag zu leisten, dass künftig mehr innovative Lösungen auch effektiv im Markt verfügbar werden.

Veronika Hornung-Prähauser und Hannes Selhofer
InnovationLab | Salzburg Research Forschungsgesellschaft
Salzburg, im März 2016

Inhaltsverzeichnis

EINLEITUNG

Hintergrund

Der Band beruht auf einer Studie über Methoden zur Entwicklung von Geschäftsmodellen für AAL-Lösungen, die von der Salzburg Research Forschungsgesellschaft im Auftrag der Österreichischen Forschungsförderungsgesellschaft (FFG) und des Bundesministerium für Verkehr, Innovation und Technologie (BMVIT) im Rahmen des Programms „IKT der Zukunft: benefit – demografischer Wandel als Chance" durchgeführt wurde (Projekt Nr. 846228, Oktober 2014 – November 2015). Die Beschreibungen der Einbeziehungsmethoden sowie weiterführende Materialien dazu und der umfassendere Studienbericht sind auch online im Web verfügbar auf http://methodenpool.salzburgresearch.at/.

Active and Assisted Living (AAL) und die Schwierigkeiten bei der Markteinführung ihrer Lösungen

Der Begriff „Active and Assisted Living" (AAL), früher auch „Ambient Assisted Living" beschreibt „Konzepte, Produkte, Dienstleistungen, Technologien, Hilfsmittel, und technische Mittel, die auf IKT aufbauen, und das Ziel haben, die persönliche Lebensqualität von Menschen zu erhöhen" (vgl. Göbl, 2013, S. 13). Die Zielgruppe sind in erster Linie (aber nicht nur) Menschen mit körperlichen, geistigen oder psychischen Beeinträchtigungen, meist bedingt durch hohes Alter. Wichtige Anwendungsfelder für AAL-Dienste sind v.a. die Bereiche Medizin/Pflege, Wohnen, Mobilität sowie Gesundheit/Prävention.

Oft entwickeln AAL-Projekte zwar ambitionierte Konzepte für neue Lösungen (etwa innovative Dienstleistungen und Technologien), scheitern aber letztlich daran, während der Projektphase die notwendigen Voraussetzungen für eine erfolgreiche Markteinführung (nach Projektende) zu schaffen. Die Konzepte bleiben „in der Schublade", sie gelangen nicht zur Marktreife.

Dies liegt mitunter auch daran, dass der Fokus zahlreicher AAL-Projekte eher auf der (technischen) Entwicklung und Pilotierung innovativer Lösungen liegt, während der Entwicklung von Geschäfts- und Betreibermodellen weniger Aufmerksamkeit geschenkt wird. Damit wird aber der Wunsch der Fördergeber nur teilweise erfüllt: der technische Fortschritt in der Entwicklung von AAL-Lösungen ist zwar ein wichtiges Teilziel; es nützt aber letztlich nur wenig, neue (theoretisch nutzbare) Dienste zu konzipieren, wenn diese kaum Aussicht auf eine konkrete Nutzung in der Praxis haben.

Die Rolle der Stakeholder bei der Entwicklung von Geschäftsmodellen

Es gilt als weithin anerkannt, dass die aktive und rechtzeitige Einbeziehung aller für den Betrieb relevanten Anspruchsgruppen („Stakeholder") ein wesentliches Erfolgskriterium für die Akzeptanz und den Markterfolg von AAL-Lösungen darstellt. Das gilt nicht nur für den technischen Teil der Entwicklung (z. B. hinreichende Berücksichtigung der Nutzeranforderungen, Usability Aspekte), sondern in gleichem Maße auch für die Entwicklung des Geschäftsmodells.

Hier fehlt es der AAL Community allerdings zurzeit noch an Methodenwissen. Während es u.a. dank der Usability-Forschung bereits etablierte Methoden für die Einbeziehung der EndanwenderInnen in der technischen Entwicklungsphase gibt und deren Nutzung heute in der Regel eine Selbstverständlichkeit ist, fehlt vielfach Grundlagenwissen über die Entwicklung von Geschäftsmodellen.

Zielsetzung und Zielgruppe dieses Berichts

Das wesentliche Ziel der Studie und dieses Bandes besteht darin, in Hinblick auf die oben dargestellte Problemstellung einen Überblick über verschiedene Methoden zur Entwicklung von Geschäftsmodellen für AAL-Lösungen, insbesondere durch Einbeziehung der relevanten Stakeholder zu schaffen. Der Überblick ist somit primär als **praxis-orientierte Hilfestellung und Handreichung für aktuelle und zukünftige AAL-Projekte** gedacht.

Wer sind die „Stakeholder" im AAL-Bereich?

Unter **Stakeholdern** verstehen wir alle Akteure, die ein berechtigtes Interesse an einem Projekt zur Entwicklung einer AAL-Lösung und/oder dem späteren Betrieb dieser Lösung haben und somit für das Projekt relevant sind ("Anspruchsgruppen"). Dazu gehören sowohl Akteure, die einen direkten Einfluss auf das Projekt haben, als auch Akteure, die selbst von den Projektergebnissen betroffen sind.

Im AAL-Bereich wird auch häufig zwischen primären, sekundären und tertiären Stakeholdern unterschieden.

Primäre Stakeholder sind die unmittelbaren AnwenderInnen, die von den AAL-Lösungen profitieren sollen und diese in der Regel selbst nutzen.

Sekundäre Stakeholder sind Akteure, die indirekt mit der Nutzung von AAL-Lösungen vor Ort (gemeinsam mit den direkt Betroffenen) oder auch entfernt konfrontiert sind, v.a. professionelle Dienstleister in der Pflegearbeit sowie betreuende Angehörige oder Nachbarn.

Tertiäre Stakeholder sind öffentliche und private Organisationen des Gesundheitssektors, die indirekt von AAL-Lösungen profitieren, wenn diese die Effizienz oder Effektivität von Abläufen steigern und Kosten sparen (z. B. Pflegeinstitutionen, Sozialversicherungen, andere Versicherungsdienstleister); aber auch Service-Provider, die zur technischen Entwicklung bzw. zum Betrieb einer AAL-Lösung benötigt werden, z. B. Softwareunternehmen und Telekommunikationsdienstleister).

Auf Projektebene ist eine weitere Unterscheidung möglich zwischen **internen Stakeholdern** (die unmittelbar am Projekt beteiligt sind) sowie **externen Stakeholdern**, die zwar nicht direkt beteiligt sind, aber Einfluss auf das Projekt haben oder vom Projekt betroffen sind. Auch kann zwischen **institutionellen** und **individuellen** Stakeholdern unterschieden werden.

Ein weiterer zentraler Begriff ist der der „**End-AnwenderInnen**" (einer AAL-Lösung). In unserem Verständnis sind End-AnwenderInnen eine Untergruppe der Stakeholder; nämlich jene, die unmittelbare AnwenderInnen bzw. NutzerInnen der Lösung sind (im Sinne der primären und/oder sekundären Stakeholder).

Zum „Geschäftsmodell"-Begriff

Die Befassung mit Geschäftsmodellen und ihrer Entwicklung ist aktuell sehr populär. Der Begriff „Geschäftsmodell" wird allerdings je nach Kontext unterschiedlich verwendet. In der Regel bezeichnet er die **logische Funktionsweise** eines Unternehmens bzw. einer Organisation oder eines Produkts (hier: einer AAL-Lösung); man könnte auch sagen, die übergreifende **Strategie der Wertschöpfung**. Es gibt dazu eine Reihe von Modellen in der Literatur (z. B. Gassmann, 2013; Wirtz, 2013; Osterwalder & Pigneur, 2011), die sich zum einen in der Strukturierung der Komponenten (Strukturmodell) und zum anderen in der vorgeschlagenen Vorgehensweise zur Entwicklung von Geschäftsmodellen (Prozessmodell) unterscheiden.

Wichtige Komponenten eines Geschäftsmodells sind jedenfalls der allgemeine Unternehmenszweck, das Nutzenversprechen der hergestellten Produkte bzw. Dienstleistungen, die Zielgruppen bzw. Kundensegmente, das Ertragsmodell, die Wertschöpfungsarchitektur (was sind die Schlüsselaktivitäten, welche werden selbst durchgeführt, was wird ausgelagert) und die grundlegenden Prozesse zur Erbringung der Leistung (v.a. die Vertriebsstrategie).

Methodische Vorgehensweise

Die Studie, auf der dieser Band beruht, wurde in zwei Phasen durchgeführt. In Phase I erfolgte eine Bestandsaufnahme, welche Einbeziehungsmethoden zur Geschäftsmodellentwicklung es gibt, und wie diese heute bereits verwendet werden. Dazu wurden eine Online-Befragung unter AAL-Projekten sowie acht Fallstudien ausgewählter Projekte (in denen bestimmte Einbeziehungsmethoden praktisch zur Anwendung kamen) durchgeführt. In Phase II wurden die vielversprechendsten Methoden ausgewählt, bewertet und beschrieben.

Die Ergebnisse der Online-Befragung sowie die Fallstudien sind im umfassenden Studienbericht verfügbar (siehe http://methodenpool.salzburgresearch.at).

Die Zwischenergebnisse der Studie wurden zwecks Validierung in einem Workshop im April 2015 (in Salzburg) einer Gruppe von AAL-ExpertInnen vorgestellt und diskutiert. Auf Basis der erhaltenen Rückmeldungen sowie weiterer Recherchen wurden letztlich ca. 20 Methoden/Techniken ausgewählt, die in der Folge genauer analysiert (bewertet) und dokumentiert wurden (vgl. Abbildung 1).

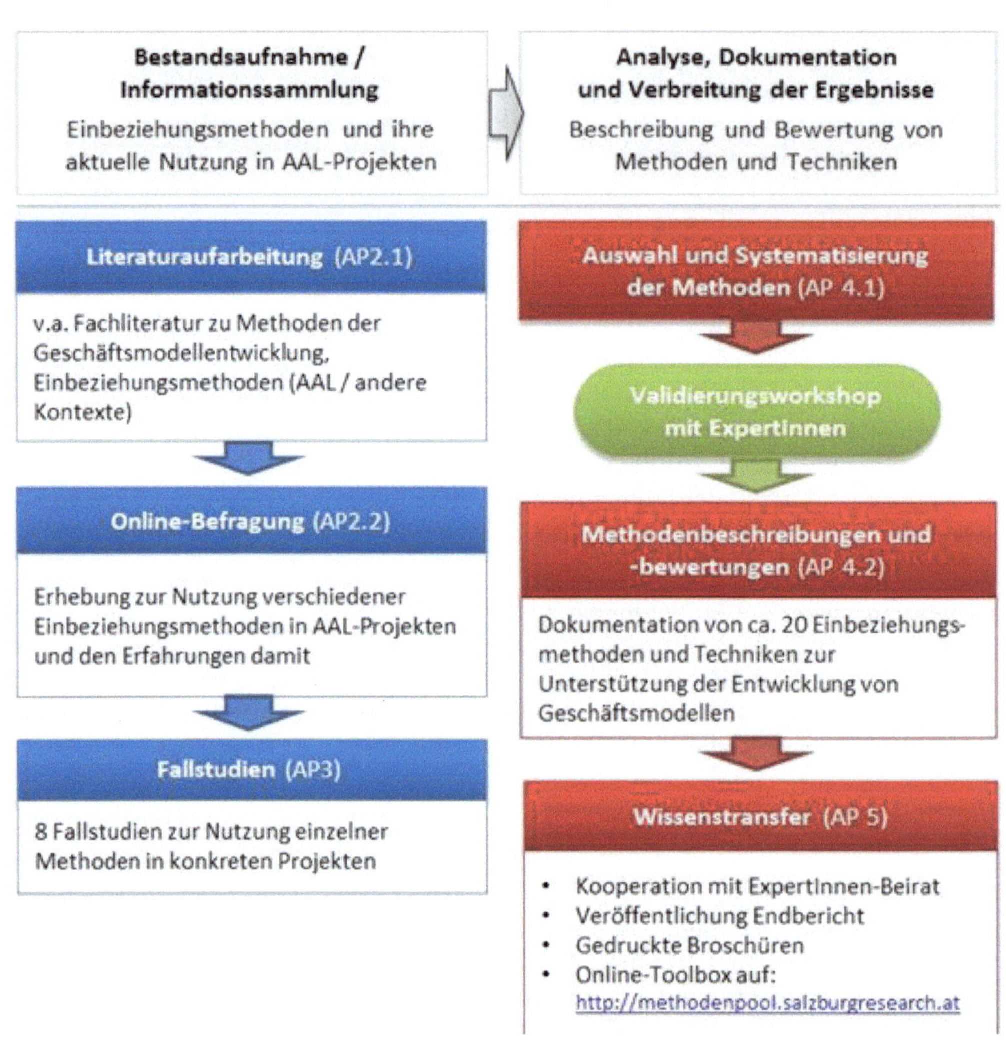

Abbildung 1: Methodische Vorgehensweise zur Erstellung der Studie

DIE METHODENSAMMLUNG

Strukturierung der Methoden und Anwendungsprofile

Im Folgenden werden die verschiedenen Methoden und Techniken zur Einbeziehung von Stakeholdern vorgestellt, die zur Entwicklung von potentiellen Geschäftsmodellen für AAL-Lösungen geeignet sind. Diese Instrumente wurden den idealtypischen Phasen der Geschäftsmodell-Entwicklung (kurz: GM-Entwicklung) nach Schallmo (2013) zugeordnet, je nach dem, wofür sie sich am besten eignen. Manche Instrumente sollten in der Regel eher in einer frühen Phase erfolgen (z. B. die Stakeholder-Analyse als Ausgangspunkt), während andere Methoden sich für spätere Phasen anbieten. Die Zuweisung sollte jedoch nicht dogmatisch gesehen werden. Viele Methoden/Techniken können in Abhängigkeit vom jeweiligen Projektkontext freilich auch in einer anderen Phase oder phasenübergreifend zum Einsatz kommen (vgl. Abbildung 2).

Abbildung 2: Sceenshot Methoden-Pool.
Quelle: http://methodenpool.salzburgresearch.at/ (17.6.2015)

„Methode" vs. „Technik"

Wir haben im Laufe der Studie nach Sammlung der verschiedenen Ansätze eine Unterscheidung zwischen Technik und Methode eingeführt, da sich die Ansätze in ihrem Komplexitätsgrad doch deutlich unterscheiden. Unter **„Methode"** verstehen wir eine umfassende, prozessorientierte Vorgehensweise zur Entwicklung von Geschäftsmodellen durch systematische Einbindung der relevanten Anspruchsgruppen. Sie zieht sich typischerweise über mehrere Projektphasen bzw. Entwicklungsstufen hin und bildet den Prozess der Geschäftsmodellentwicklung komplett oder zumindest über mehrere Phasen ab. Unter **„Technik"** verstehen wir ein spezielles Verfahren für die Einbeziehung von Anspruchsgruppen, das eher punktuell (in einer bestimmten Projektphase) zur Anwendung kommt, und einem speziellen Analysezweck in einer bestimmten Phase der Geschäftsmodellentwicklung dient.

Anwendungsprofile

Für jede der vorgestellten Ansätze wurde ein **Anwendungsprofil** erstellt, um potenziellen Anwendern die Auswahl zu erleichtern. Die Ansätze wurden in Hinblick auf folgende Kriterien eingeschätzt:

– Eignung für verschiedene Aspekte der GM-Entwicklung
– Eignung für verschiedene Phasen der GM-Entwicklung und Projektphasen eines AAL-Projekts
– Relevante Stakeholder: welche Stakeholder sollten bei der Anwendung dieser Methode/Technik einbezogen werden?
– Benötigtes Erfahrungswissen für die Anwendung der Methode/Technik
– Zeitlicher Aufwand für die Vorbereitung und Durchführung

Direkte und indirekte Formen der Einbeziehung

Bei der Art der Einbeziehung unterscheiden wir zwischen aktiven (direkten) und passiven (indirekten) Formen. Unter **aktiven bzw. direkten Formen der Einbeziehung** verstehen wir solche, wo die Akteure direkt und persönlich an der Entwicklung des Geschäftsmodells mitwirken, etwa in dem sie zu bestimmten Aspekten konsultiert werden oder an gemeinsamen Workshops teilnehmen. Unter **passiven bzw. indirekten Formen** verstehen wir Ansätze, wo zwar versucht wird, die individuellen Interessen und Anforderungen der relevanten Akteure zu bewerten und adäquat zu berücksichtigen, ohne aber diese persönlich in die Entwicklung einzubeziehen.

Die Methoden/Techniken im Überblick

In diesem Band stellen wir eine Auswahl von 16 besonders nützlichen Methoden und Techniken zur GM-Entwicklung vor. Weitere Anregungen zur Einbeziehung von Stakeholdern finden sich im Online-Methodenpool, der nach und nach auch um weitere Ansätze ergänzt werden soll:
http://methodenpool.salzburgresearch.at/

Methoden/Techniken für die Initiierung eines Geschäftsmodells

– Stakeholder-Analyse

– Einstiegsübung („Dumme Kuh")

– GEMBA-Walk

– Story-Telling

Methoden/Techniken für die Ideenfindung und -bewertung

– Analogie-Technik

– Ideensteckbriefe und Bewertungstabellen für Geschäftsmodelle

– Kollektives Notizbuch

Methoden/Techniken für die Entwicklung einer GM-Vision

– (Kunden-)Empathiekarte

– Egozentrierte Netzwerkanalyse

– Fokusgruppen

– Szenario-Technik

– Walt-Disney-Methode

Methoden/Techniken für die Entwicklung eines Geschäftsmodell-Prototyps

– Business-Model-Canvas

– St. Galler Business Model Navigator

– Kosten-Nutzen-Analyse

Methoden/Techniken für die Implementierung des Geschäftsmodells –

– Business Wargaming

METHODEN FÜR DIE INITIIERUNG EINES GESCHÄFTSMODELLS

Stakeholder Analyse

IN KÜRZE	Die Stakeholder-Analyse ist eine Technik, die im Vorfeld oder in der frühen Phase eines (AAL-)Projekts diejenigen Akteure, Gruppen oder Personen identifiziert, die für das Projekt relevant sind. Die relevanten Akteure werden systematisch erhoben, kurz beschrieben und deren Bedeutung und Einfluss auf den Verlauf und das Ergebnis des Projekts eingeschätzt (positiv, negativ, neutral). Darauf aufbauend können dann Maßnahmen zur Einbeziehung der Stakeholder vor, während und nach einer Projektphase geplant werden.
PROJEKTPHASE	Projektinitiierung (grobe Analyse) frühe Umsetzungsphase (Detailanalyse)
STAKEHOLDER	Die Durchführung der SH-Analyse ist üblicherweise Aufgabe der Projektleitung (Unterstützung durch Konsortialmitglieder). In die Überlegungen sollten alle Anspruchsgruppen einbezogen werden.
ZIELSETZUNG	Erarbeiten des Kundennutzens (was) ■□□ Erarbeitung der Zielgruppe (wer) ■■■ Erarbeiten der Prozesse (wie) ■■■ Erarbeitung des Ertragsmodells (Wert) ■□□
FOKUS	Entwicklung eines Geschäftsmodells ■■■ Entwicklung der AAL-Lösung ■□□
DURCHFÜHRUNG	Benötigtes Erfahrungswissen ■□□ Zeitlicher Aufwand für die Vorbereitung ■□□ Zeitlicher Aufwand für die Durchführung ■■□ Die Durchführung erfordert keine speziellen Vorkenntnisse. Der Aufwand ist überschaubar. –

Eine gründliche Stakeholder-Analyse (SHA) gilt als fixer Bestandteil eines Projekts und sollte somit auch eine der ersten Aktivitäten in jedem AAL-Projekt sein. Bei Förderprojekten empfiehlt sich, eine erste (grobe) SHA bereits im Vorfeld (der Antragsphase) durchzuführen, um zu zeigen, dass sich das Konsortium über die relevanten Umfelder des Projekts bereits Gedanken gemacht hat. Eine gründliche SHA ist eine wesentliche Voraussetzung , die Einbeziehung der relevanten Akteure *vor, während und nach einer F&E-Projektphase* gezielt planen zu können.

Die Stakeholder können nach mehreren Aspekten gegliedert werden, z. B. hinsichtlich ihres Einflusses auf das Projekt, ihrer Bedeutung für ein funktionierendes Geschäftsmodell, ihrer Einstellung zum Projekt (Befürworter, Gegner, Konkurrent, neutral), oder ihrer Rolle im Projekt (z. B. Technologieentwickler, Anwender, Betreiber etc.).

Eine gründlich und objektiv durchgeführte SH-Analyse liefert oft – mit überschaubarem Aufwand – bereits frühzeitig wichtige Erkenntnisse, z. B. über Projektrisiken (aufgrund von Interessenkonflikten).

VORGEHENSWEISE

Die SHA wird oft in drei Schritten durchgeführt:

1. Stakeholder identifizieren. Im ersten Schritt werden die verschiedenen Stakeholder identifiziert, kurz beschrieben und visualisiert (z. B. mittels einer Mindmap). Wenn genug Zeit vorhanden, können mit wichtigen Stakeholdern auch kurze Interviews über das Projektziel und deren Einstellung dazu geführt werden.

2. Stakeholder-Einfluss analysieren (Betroffenheits-Analyse). Im zweiten Schritt werden die identifizierten Stakeholder im Hinblick auf ihren Einfluss auf das Projekt bewertet. Welchen Einfluss haben die Stakeholder auf das Projekt? Welche Beiträge braucht das Projekt von den Stakeholdern, um erfolgreich zu sein? Was erwarten sich umgekehrt die SH selbst vom Projekt?

3. Maßnahmen für das Stakeholder-Management ableiten. Im dritten Schritt werden Maßnahmen für das Stakeholder-Management, vor allem die Kommunikationsstrategie, abgeleitet. Das Hauptaugenmerk gilt dabei üblicherweise jenen Stakeholdern, die besonders wichtig für den Projekterfolg sind, sowie Stakeholdern, bei denen es Interessenkonflikte geben könnte.

PRAXISBEISPIELE UND QUELLEN

Es sind unzählige Vorlagen für Stakeholder-Listen, eine Matrix und für Auswertungsdiagramme im Internet verfügbar. Frei verwendbare Vorlage für Analyse und Visualisierung der verschiedenen Analyseergebnisse (Matrix, Bubble-Diagramm, aus Projektmanagement-Handbuch) finden sich u.a. bei:

Informationstechnologie-Zentrum der Zürcher Hochschule der Künste Informationstechnologie-Zentrum (https://www.zhdk.ch/index.php?id=66587)

Projektmanagement-Handbuch
(http://www.projektmanagementhandbuch.de/downloads/)

Gemeinnütziger Verein „Open PM"
(https://www.openpm.info/display/openPM/Stakeholderanalyse)

Einstiegsübung in die Geschäftsmodell-Entwicklung: „Dumme Kuh"

IN KÜRZE	Diese Technik dient als Einstiegsübung in einen praktischen Workshop, in dem Geschäftsmodell-Ideen entwickelt werden sollen. Sie ist besonders geeignet für eine Teilnehmergruppe, in der noch wenig Vorwissen und Erfahrung zum Thema „Geschäftsmodell" vorhanden ist. Es wird auf spielerische Art nötiges Fachwissen zu den vier Hauptkomponenten eines Geschäftsmodells, Prozesswissen für Findung und Bewertung von Geschäftsmodell-Ideen vermittelt und ein gemeinsames Verständnis zum Thema „Geschäftsmodell" praktisch erlernt.

PROJEKTPHASE	eignet sich für alle Phasen, je nach Verwendungszweck

STAKEHOLDER	zunächst v.a. Mitglieder des AAL-Projektkonsortiums, je nach Bedarf und Kontext aber auch direkte oder indirekte Stakeholder von außerhalb des Projekts

ZIELSETZUNGEN	Definition des Produkts und des Kundennutzens	■■■□
	Erarbeitung der Zielgruppe(n)	■■■□
	Erarbeitung der Wertschöpfungsprozesse	■■■□
	Erarbeitung des Ertragsmodells	■■■□

DURCHFÜHRUNG	Benötigtes Erfahrungswissen	■□□□
	Zeitlicher Aufwand für die Vorbereitung	□□□
	Zeitlicher Aufwand für die Durchführung	■□□
	Sonstiges: max.12 Teilnehmern, benötigt werden Spielfiguren – oder Bilder verschiedener Kühe als Assoziationsmaterial, Haftzettel in vier Farben, Stifte und Pinnwand	

EINSATZ UND NUTZEN

Diese Technik dient als Einstiegsübung in einen Workshop, in dem GM-Ideen entwickelt werden sollen. Sie ist geeignet für eine heterogene Teilnehmergruppe, in der noch wenig Vorwissen und Erfahrung zum Thema Geschäftsmodell vorhanden ist. Die Technik basiert auf einem spielerischen, assoziativen Ansatz. Sie führt die Teilnehmer an die grundlegende Funktion, die wesentlichen Komponenten eines Geschäftsmodells sowie die Anforderungen an den ersten Schritt des Geschäftsmodell-Entwicklungsprozesses heran.

VORGEHENSWEISE

Zu Beginn werden – der Aufbau und die vier wichtigsten Geschäftsmodell-Komponenten eines generischen und/oder spezifischen AAL-Geschäftsmodells vorgestellt. Danach lädt der/die ModeratorIn ein, anhand von allgemein bekannten „Produktionsfaktoren" in Kleingruppen zu üben, wie Geschäftsmodelle prinzipiell entwickelt werden. Es werden gleichstarke Teams gebildet und der/die ModeratorIn teilt Figuren und/oder Bilder einer „Kuh" aus.

Abb. 3: Geschäftsmodelle rund um die Kuh. Quelle: SRFG.

Die TeilnehmerInnen werden aufgefordert, sich einige Merkmale einer Kuh und ihrem Tierleben vorzustellen (z. B. Milch geben, Muh machen, Gras fressen etc.). Darauf aufbauend sollen mindestens drei, möglichst ungewohnte GM-Ideen entwickelt werden, in denen eine Kuh als Kernressource vorkommt (es sind natürlich auch andere Tiere mit interessanten Kernressourcen möglich). Jede GM-Idee soll nach dem gleichen System kurz skizziert werden (und zwar anhand der vier wesentlichen GM-Komponenten (Zielgruppen, Produktnutzen, Geschäftsprozess, Ertragsmodell).

Die lustigste Geschäftsmodell-Idee pro Kleingruppe wird mittels Verwendung von vier verschiedenfarbigen großen Haftzetteln dann der Gruppe vorgestellt. Wichtig: für jeden Geschäftsmodell-Aspekt immer die gleiche Farbe verwenden und in der gleichen Reihenfolge aufhängen! Die Ideen sollten mit kurzen Statements und/oder Bildern beschrieben werden. Auf einer Wand werden die Vorschläge dann nebeneinander gepinnt und kurz erläutert. Dadurch werden die einheitliche Struktur einer GM-Beschreibung und auch die Vielfalt an Ideen zu jedem Aspekt visuell ersichtlich. Zum Abschluss wird zur eigentlichen GM-Entwicklung übergeleitet. Der Moderator kann unter Bezug auf Vielfalt auf die Wichtigkeit einer systematischen Beschreibung von GM bzw. die Notwendigkeit von Bewertungskriterien für Geschäftsmodelle hinweisen.

PRAXISBEISPIELE UND QUELLEN

Osterwalder, A. & Pigneur, Y. (2011). Business Model Generation. Kapitel-Ideenbildung: Aufwärmübung: Dumme Kuh. S. 149.

Horton, G. (o. J. - b). Geschäftsmodellierung üben mit dem „Kuhspiel". Blog der Innovationsberatung – Zephram GbR. Online unter: http://www.zephram.de/blog/geschaeftsmodellinnovation/geschaeftsmodellierung-ueben-kuhspiel/ am 5.5.2015

Gemba-Walk für Geschäftsmodelle

IN KÜRZE	Die Methode des „Gemba-Walk" (= japanischer Ausdruck für „der Platz, wo etwas tatsächlich stattfindet") stammt ursprünglich aus dem industriellen Qualitätsmanagement. Der Ansatz kann aber als qualitative Beobachtungsmethode auch für die authentische Identifikation von Kundenbedürfnissen und damit für die Gestaltung eines neuen Produkts, einer Dienstleistung und/oder eines tragfähigen Geschäftsmodells genutzt werden.

PROJEKTPHASE	in der Projektinitiierung und der Projektumsetzung (beim Design der Lösung)

STAKEHOLDER	v.a. interne Stakeholder (das Konsortium), evt. auch indirekte Stakeholder

ZIELSETZUNGEN	Definition des Produkts und des Kundennutzens	■■□
	Erarbeitung der Zielgruppe(n)	■■□
	Erarbeitung der Wertschöpfungsprozesse	■■□
	Erarbeitung des Ertragsmodells	■■□

DURCHFÜHRUNG	Benötigtes Erfahrungswissen	■■□
	Zeitlicher Aufwand für die Vorbereitung	■■□
	Zeitlicher Aufwand für die Durchführung	■■□
	Ein GEMBA-Walk kann bereits in einem AAL-Vorprojekt genutzt werden (Zwecke: besseres Verständnis der Kundenprobleme; Vorbereitung des Projektkonzeptes und erster Skizzen eines möglichen Geschäftsmodells).	

EINSATZ UND NUTZEN

Die Methode des „Gemba-Walk" („gemba": japanisch für „der Platz, wo etwas tatsächlich stattfindet") stammt ursprünglich aus dem industriellen Qualitätsmanagement. Die Methode kann als qualitative Beobachtungsmethode gut für die Identifikation von Kundenbedürfnissen und -problemen und somit für die Gestaltung eines neuen Produktes oder Dienstleistung herangezogen werden. Die Gemba-Walk-Methode ist verwandt mit der sozialwissenschaftlichen „teilnehmenden Beobachtung" und der aus der Usability-Forschung bekannten Methode des „Shadowing" (vgl. Nedopil et al. 2013, S. 35ff). Ziel ist die begleitenden Beobachtung, zum Beispiel bei Alltagsverrichtungen und/oder Arbeitsprozessen.

Das Ziel all dieser Methoden ist es, durch begleitende Beobachtungen (z. B. bei Alltagsverrichtungen) Erkenntnisse über Verhaltensmuster und Auswirkungen des Verhaltens einzelner Personen oder von Gruppen zu gewinnen, die nur durch die aktive und direkte Teilnahme des Forschenden möglich sind.

19

In der Vorbereitungsphase muss zunächst eine Auswahl über die zu beobachtenden Nutzungskontexte (je nach Zielsetzung), Stakeholder (max. 10 Personen) und Dauer (von 1h – 1 Tag) getroffen werden. Um die Probleme im Nutzungsprozess in der Beobachtungsphase genau zu verstehen werden die drei folgenden „Gemba-Fragen" empfohlen (vgl. Anders, 2015):

– Was sollte passieren? (Wie ist der Zielzustand?)

– Was passiert wirklich? (Wie lautet der aktuelle Zustand? Kann man Abweichungen vom Soll-Zustand klar erkennen?)

– Erkläre! (Bei einem beobachteten Problem wird versucht, die Ursache mit der verantwortlichen Person nach der 5W-Methodik (5mal Warum fragen) zu ergründen.

Wie beim „Shadowing" wird ein direkter Stakeholder (z. B. ein potentieller AAL-Nutzer) eine längere Zeit in seinem Arbeitsalltag (etwa einen Tag lang) bei seinen Aktivitäten beobachtet, ohne dass dabei störend in seine Handlung eingegriffen wird. Es werden dabei alle Gefühle und Gedanken des Nutzers bzw. der Nutzerin von ihm/ihr laut ausgesprochen, so dass der/die BeobachterIn diese notieren und eventuell auch mit einem Tonbandgerät aufnehmen kann.

Zu beobachten sind der/die AnwenderIn, der Kontext, in dem das Produkt angewendet wird, sowie allgemeine Arbeitsabläufe, die Zusammenarbeit und die Kommunikation der verschiedenen Beteiligten im Nutzungsprozess untereinander. Da die zu beobachtende Person wenig gestört werden soll, kann sie entweder im Nachhinein zu unklarem Tun befragt werden, oder, es gibt einen „Kommentator" aus dem Umfeld, der die Probleme im Vorhinein/Nachhinein erläutert und hilft, Zusammenhänge zu verstehen. Nach der Beobachtung wird abschließend mit Hilfe der Dokumentation und Aufzeichnungen analysiert, inwiefern die identifizierten Bedürfnisse etwa mit einem neuen Wertangebot oder einer anderen Geschäftsmodell-Veränderung befriedigt werden können.

Anders, J. (2015). Blog: Sehen-Lernen: Lean-Kaizen-Selbstmanagement. Eintrag (o. A.). Die 3 magischen Fragen des Gemba Walks. Online unter: http://sehen-lernen.com/die-3-magischen-fragen-des-gemba-walks am 06.05.2015

Nedopil, C. et al. (2013). The art and joy of user integration in AAL-projects. AAL-User Integration Guideline. AAL-Association. Belgium.

Online Lexikon Wikipedia (2015). Teilnehmende Beobachtung. Online unter: http://de.wikipedia.org/wiki/Teilnehmende_Beobachtung am 17.05.2015.

Przyborski, A. & Wohlrab-Sahr, M. (2014). Qualitative Sozialforschung: Ein Arbeitsbuch. Kapitel: Feldforschung, S. 39 – 117. – München: Oldenbourg Verlag.

Storytelling: Erzählen von Geschäftsmodell-Geschichten

IN KÜRZE	Eine gut erzählte Geschäftsmodell-Geschichte ist ein effektives Werkzeug zur Beschreibung von Problemen mit bestehenden Geschäftsmodellen, zur Findung neuer Geschäftsmodell-Ideen und zum Begreifbarmachen der Notwendigkeiten, die die Implementierung eines Geschäftsmodells mit sich bringt. Je nach Mitteleinsatz und Zeitaufwand können Geschichten mit verschiedenen Medien entweder aus Unternehmens- oder Kundenperspektive erzählt und an alle Stakeholder verbreitet werden.
PROJEKTPHASE	Projektinitiierung und Projektumsetzung, v.a. in frühen Phasen der GM-Entwicklung und zur Vorbereitung der Markteinführung.
STAKEHOLDER	AAL-Projektkonsortium Direkte und Indirekte Stakeholder

ZIELSETZUNG		
Erarbeiten des Kundennutzens (was)		■☐☐
Erarbeitung der Zielgruppe (wer)		■■☐
Erarbeiten der Prozesse (wie)		■■☐
Erarbeitung des Ertragsmodells (Wert)		■■☐

DURCHFÜHRUNG		
Benötigtes Erfahrungswissen		■■☐
Zeitlicher Aufwand für die Vorbereitung		■■☐
Zeitlicher Aufwand für die Durchführung		■☐☐
Sonstiges: Beschreibungen der Hauptfiguren, Material für Rollenspiele, ggf. Aufwand für Umsetzung, z. B. als Comic		

EINSATZ UND NUTZEN

Die Technik des „Erzählens" ist ein Instrument des Wissensmanagements und dient dazu implizites Wissen, aber auch Erfahrungen und Emotionen einer Person oder Organisation zu einem bestimmten Sachverhalt wirkungsvoll zu kommunizieren. Der Nutzen für eine Geschäftsmodell-Entwicklung liegt in der Veranschaulichung der Notwendigkeit einer Veränderung, sei es durch die zukünftige Einführung eines neuen Geschäftsmodells (z. B. GM-Vision) oder durch die veränderte Logik der Bausteine eines Geschäftsmodells (z. B. Lösungsansatz, Gründe für Kauf, Werteversprechen).

VORGEHENSWEISE

Die Vorgehensweise beim Storytelling hängt vom gewählten Nutzen und der Zielsetzung der Geschichte im Geschäftsmodellentwicklungsprozess, der Zielgruppe der Geschichte erzählt werden soll, und dem gewählten Medium in dem die Geschichte erzählt werden soll ab (Text, Bilder, Grafik, Video, Audio). Unter Anleitung von ModeratorInnen können Teile einer wahren Geschichte mit ProjektmitarbeiterInnen selbst erhoben und dieses dann fiktiv abgeändert und/oder erweitert werden. Es kann auch ein Story-Kernteam ein Storyboard erstellen und dies dann mit internen und direkten Stakeholdern adaptieren und erweitern. Indirekte Stakeholder sollen durch die Geschichte überzeugt werden.

Nach Denning (vgl. Katenkamp 2010, S. 261) soll eine gute Geschichte u.a. anschaulich und der Zielgruppe des Publikums angemessen sowie interessant sein, und eine Botschaft zur Veränderung („Change message") beinhalten. Die ProtagonistInnen der Story können „prototypisch" für das Unternehmen (MitarbeiterInnen-Perspektive oder KundInnenperspektive) als Ausgangspunkt stehen. Wahre Geschichten haben sich dabei als nützlicher erwiesen als erfundene Stories. Die Story sollte ein „Happy End" haben.

Osterwalder und Pigneur (2011, S. 180ff) schlagen vor, das Geschäftsmodell entweder aus der Perspektive eines Mitarbeiters oder eines Kunden zu erzählen und möglichst nur eine Hauptfigur als TrägerIn des Sinns der Geschichte zu verwenden.

Im ersten Setting ist ein(e) Mitarbeiter(in) der/die Hauptprotagonist(in) der Geschichte; diese zeigt, wie das neue Modell Sinn ergibt. Dabei könnte der/die Mitarbeiter(in) aus den eigenen Erfahrungen zu Kundenproblemen erzählen, die mit dem neuen Geschäftsmodell dann gelöst sein werden.

Im zweiten Setting wird die Sichtweise eines Kunden bzw. einer Kundin als Ausgangspunkt der Geschichte in den Mittelpunkt gestellt. Diese(r) erzählt, welche Herausforderungen in der Zukunft er/sie zu leisten hat und welche Aufgaben erledigt werden müssen. Die Story beschreibt dann, wie durch die Lösung Wert für den Kunden bzw. die Kundin geschaffen wird, wie sein/ihr Leben dadurch beeinflusst wird, was er/sie dafür zu zahlen bereit war und wie er/sie sich bei der Nutzung jetzt fühlt.

PRAXISBEISPIELE UND QUELLEN

Osterwalder, A. & Pigneur, Y. (2011). Business Model Generation. Kapitel: Design Geschichten erzählen. S. 182 ff. Campus Verlag.

Katenkamp, O. (2010). Implizites Wissen in Organisationen. Konzepte, Methoden und Ansätze im Wissensmanagement. Springer Verlag.

Reich, K. (Hg.) (2007). Methodenpool. Technik: Erzählung. In: Methodenpool Universität Köln. Online unter: http://methodenpool.uni-koeln.de/erzaehlung/frameset_erzaehlung.html; http://methodenpool.uni-koeln.de

METHODEN FÜR DIE IDEENFINDUNG UND -BEWERTUNG

Analogie-Technik

IN KÜRZE	Diese Kreativitätstechnik dient zur Generierung verschiedener Geschäftsmodell-Ideen im Rahmen eines Stakeholder-Workshops. Sie beruht auf dem Prinzip des Perspektivenwechsels durch Übertragung von erfolgreichen Geschäftsmodell-Lösungen aus anderen Bereichen z. B. in den AAL-Bereich. Durch systematisches Umdenken regt diese Technik besonders unkonventionelle Ideen für Geschäftsmodelle an. Diese Technik soll Mitgliedern des AAL-Teams dabei unterstützen, auch über den Tellerrand zu blicken und Ideen aus anderen Bereichen für die eigene Arbeit zu nutzen.

PROJEKTPHASE	Projektinitiierung Frühe Phase der GM-Entwicklung (Ideenfindung)

STAKEHOLDER	v.a. die Mitglieder des Projektkonsortiums, je nach Bedarf auch externe Stakeholder

ZIELSETZUNG	Erarbeitung des Kundennutzens (was)	■■□
	Erarbeitung der Zielgruppe (wer)	■■□
	Erarbeitung der Prozesse (wie)	■■■
	Erarbeitung des Ertragsmodells (Wert)	■■■

DURCHFÜHRUNG	Benötigtes Erfahrungswissen	■■□
	Zeitlicher Aufwand für die Vorbereitung	■□□
	Zeitlicher Aufwand für die Durchführung	■□□
	Material: Eine Liste von bekannten Personen bzw. eine Liste mit erfolgreichen, kurz erklärten Geschäftsmodellen bekannter Unternehmen.	

EINSATZ UND NUTZEN

Diese Kreativitätstechnik unterstützt die Generierung unkonventioneller Geschäftsmodell-Ideen durch systematische Übertragung von Lösungsansätzen eines Bereiches in andere (Analogie). Die Technik beruht auf dem Prinzip des Perspektivenwechsels durch Suche nach strukturell ähnlichen (analogen) Situationen oder Problemstellungen in anderen Geschäftsbereichen und durch Überlegung ob und wie die dort eingesetzten Lösungsmerkmale in den eigenen Wirkungsbereich rückübertragen werden können. Die Technik dient weniger der systematischen Erarbeitung eines kompletten Geschäftsmodells, sondern eher der Ideenfindung in einer frühen Phase.

VORGEHENSWEISE

Horton empfiehlt die Analogietechnik mit relevanten Stakeholdern in einem Workshop-Setting durchzuführen. Voraussetzung ist, dass die TeilnehmerInnen zuerst mit den grundlegenden Komponenten eines Geschäftsmodells und mit verschiedenen Geschäftsmodellen vertraut gemacht werden oder spezifisches Vorwissen dazu mitbringen. Es empfiehlt sich z. B. vorab die Bereitstellung einer Auswahl von Literatur zu Geschäftsmodellen. Da im AAL-Bereich auch der Einsatz digitaler Geschäftsmodelle denkbar ist, sollte auch dazu entsprechende Information vorbereitet werden (Hoffmeister, 2013).

Die TeilnehmerInnen werden aufgefordert, charakteristische Merkmale ihrer AAL-Lösung zu benennen. Danach lädt der bzw. die Moderator(in) dazu ein, sich weitere „InhaberInnen" (zum Beispiel Personen oder Organisationen), die dieses ausgewählte Merkmal ebenfalls besitzen, vorzustellen und kurz zu beschreiben (Analogien). Die Personen oder Organisationen können z. B. Fantasiefiguren sein (z. B. Superman, Pipi Langstrumpf, Gandalf) oder Helden und Vorbilder (z. B. Winston Churchill, Mutter Theresa) bzw. erfolgreiche Unternehmen (z. B. Google, Nike, Deutsche Bank). Im nächsten Schritt wird gefragt, wie die Aufgabenstellung aus der Sicht dieser Inhaber gelöst wurde; man wendet die gefundene Lösung dann auf die eigentliche Aufgabenstellung an.

Bei einer anderen Variante wird überlegt, wie ein bestimmtes allen bekanntes Unternehmen an die Sache herangehen würde. Die Fragen könnten z. B. lauten: „Wie würde das Geschäftsmodell für unsere Lösung aussehen, wenn sie von IBM (oder Tupperware, ...) entwickelt worden wäre? Wie könnten wir unser GM „mcdonaldisieren" / „ikeaisieren"? –

PRAXISBEISPIELE UND QUELLEN

Hoffmeister, C. (2013). Digitale Geschäftsmodelle richtig einschätzen. Carl Hanser Verlag GmbH & Co. KG

Horton, G. (o. J. – a). Ideen für Geschäftsmodelle finden durch 'IBMisieren' – Blog der Innovationsberatung – Zephram GbR. Online unter: http://www.zephram.de/blog/geschaeftsmodellinnovation/ideen-finden-geschaeftsmodelle-ibmisieren/ am 5.5.2015

Vohle, F. & Reinmann-Rothmeier, G. (2000). Analogietraining zur Förderung von Kommunikation und Innovation im Rahmen des Wissensmanagements. (Forschungsbericht Nr. 128). München: Ludwig-Maximilians-Universität, Lehrstuhl für Empirische Pädagogik und Pädagogische Psychologie. Forschungsbericht Nr. 128, Oktober 2000

an Aerssen, B. (o. A.). Analogietechnik. Atelier für Ideen. Innovationscoaching – Ideenfindung – Innovationsmanagement. Online unter: http://www.ideenfindung.de/Analogietechnik-Kreativit%C3%A4tstechnik-Brainstorming-Ideenfindung.html am 5.5.2015

Ideensteckbriefe und Bewertungstabellen für die GM-Entwicklung

IN KÜRZE	GM-Ideensteckbriefe und Bewertungsmodelle dienen dazu, verschiedene Ideen für mögliche Geschäftsmodelle für eine AAL-Lösung systematisch zu vergleichen und zu bewerten. Dazu werden die GM-Ideen in Hinblick auf verschiedene Kategorien bewertet. So soll die Entscheidung für die Auswahl und Weiterverfolgung bestimmter Modelle oder Komponenten erleichtert werden.
PROJEKTPHASE	Projektinitiierung Projektumsetzung: Design der Lösung Projektumsetzung: Vorbereitung der Markteinführung Nachprojektphase
STAKEHOLDER	AAL-Projektkonsortium Indirekte Stakeholder

ZIELSETZUNG		
Erarbeiten des Kundennutzens (was)		■■□
Erarbeitung der Zielgruppe (wer)		■■□
Erarbeiten der Prozesse (wie)		■■□
Erarbeitung des Ertragsmodells (Wert)		■■□

DURCHFÜHRUNG		
Benötigtes Erfahrungswissen		■□□
Zeitlicher Aufwand für die Vorbereitung		■□□
Zeitlicher Aufwand für die Durchführung		■■□
Sonstiges: Benötigt werden vorbereitete Bewertungstabellen. Die Tabellen können in ein Softwareprogramm (Kalkulationsprogramm) übernommen werden und sind dann nach projektspezifischer Anpassung im Workshop gleich berechenbar.		

EINSATZ UND NUTZEN

Eine einheitliche Beschreibung von Geschäftsmodell-Ideen ist eine wichtige Vorarbeit für die Vergleichbarkeit und späteren Bewertung einer Sammlung an Geschäftsmodell-Ideen (z. B. Im Rahmen eines Stakeholder-Workshops). Steckbriefe sind eine Art strukturierte Vorlage dazu. Gerade auch AAL-Projekte sollten sich damit auseinandersetzen, wie sie das Geschäftsmodell für die Lösung, die entwickelt wird, beschreiben wollen.

Das Scoring-Modell nach Schallmo (2013) unterstützt bei der Priorisierung von Geschäftsmodell-Ideen anhand vorher erstellter und gewichteter Bewertungskriterien. Dieser sehr strikte, auf Quantifizierung ausgerichtete Ansatz zur Bewertung von GM-Ideen hilft („zwingt") AAL-Projekte dabei, sich explizit über bestimmte Aspekte des jeweiligen Modells Gedanken zu machen. Bereits die Erstellung der Tabelle zur Bewertung erfordert das systematische Herunterbrechen eines GM in einzelne Komponenten; es ist indirekt damit auch ein Werkzeug zur Systematisierung der Überlegungen.

GM-Steckbriefe beruhen auf einer einheitlichen Vorlage. Diese wird z. B. folgende Rubriken enthalten: Titel der GM-Idee, Anwendungsbereich, Art und Umfang des Nutzens für potenzielle Kunden, erforderliche Realisierungspartner, Nutzen der Lösung für diese Partner, Differenzierungsmöglichkeiten gegenüber Mitbewerbern, Restriktionen des GM am Markt/Unternehmen, Abhängigkeiten der GM-Ideen voneinander, Dauer der Realisierung der GM-Idee, Höhe der Realisierungskosten der GM-Idee. Nach der kreativen Ideenfindungsphase erhält eine Kerngruppe an Teilnehmern die Aufgabe die unterschiedlichen GM-Ideen in Hinblick auf diese (oder andere) Rubriken einheitlich zu beschreiben.

Bewertungstabellen: Zur Bewertung der verschiedenen Ideen z. B. im Rahmen eines Workshops werden im ersten Schritt die Bewertungskriterien und deren Gewichtung festgelegt (siehe Tabelle 1, Schallmo 2013, S. 114). Die Kriterien können entweder vom Moderator direkt vorgegeben oder vorab mit der Gruppe diskutiert und angepasst werden. Im zweiten Schritt wird für jede GM-Idee dann ein eigener Wert („Score") ermittelt. Dieser setzt sich zusammen aus dem (gewichteten) Wert pro Kriterium (siehe Schallmo, 2013, S. 115, Tabelle 2).

Dieser recht strikte Ansatz soll zum „Explizit-Machen" von Konzepten dienen, die sonst unter Umständen darunter leiden, dass vieles unklar bleibt. Besonders zu empfehlen: die Bewertung sollte durch mehrere, unterschiedliche Stakeholder erfolgen. Dadurch werden unterschiedliche Einschätzungen sehr rasch sichtbar.

Schallmo, D. R. A. (2013). Geschäftsmodelle erfolgreich entwickeln und implementieren. Kapitel Techniken der Geschäftsmodell-Ideen-Gewinnung, S. 114ff. Springer-Gabler. Online unter: http://www.springer.com/de/book/9783642379932 am 5.5.2015
Schallmo, D. R. A. (2013). Geschäftsmodelle erfolgreich entwickeln und implementieren. Anhang: Tabelle 1. Operationalisierung von Bewertungskriterien (Tabelle 1); S. 247 und Tabelle 2. Scoring-Tabelle für die Bewertung von Geschäftsmodell-Ideen. Online unter: http://www.springer.com/de/book/9783642379932 am 5.5.2015

Kollektives Notizbuch

IN KÜRZE	Das kollektive Notizbuch ist eine Form des schriftlichen Brainstormings und eignet sich besonders, um komplexe Fragestellungen, Problemanalysen und Lösungswege zu finden. Diese Methode kann sowohl zur Einzel- oder Gruppenarbeit eingesetzt werden und unterstützt die Ideenfindung, wenn Teilnehmende nicht zur gleichen Zeit an einem Ort arbeiten können. Durch eine strukturierte Aufgabenstellung können mit dieser Methode auch spontane Ideen gesammelt und vielfältige offene Ideen generiert werden.
PROJEKTPHASE	Projektinitiierung Projektumsetzung: Design der Lösung
STAKEHOLDER	AAL-Projektkonsortium Indirekte Stakeholder

ZIELSETZUNG		
Erarbeiten des Kundennutzens (was)	■□□
Erarbeitung der Zielgruppe (wer)	■□□
Erarbeiten der Prozesse (wie)	■□□
Erarbeitung des Ertragsmodells (Wert)	■□□

DURCHFÜHRUNG		
Benötigtes Erfahrungswissen	■□□
Zeitlicher Aufwand für die Vorbereitung	■□□
Zeitlicher Aufwand für die Durchführung	■■□
Sonstiges: Ein oder mehrere Notizbücher, ggf. virtuelles Notizbuch	

EINSATZ UND NUTZEN

Das kollektive Notizbuch ist ein intuitives Verfahren, gehört zu den Kreativitätstechniken und ist eine Form des Brainwriting. Diese Technik hilft viele spontane Ideen oder Lösungen bei komplexen Fragestellungen in kurzer Zeit zu sammeln. Sie eignet sich besonders, wenn die Teilnehmenden nicht zeitgleich und am gleichen Ort arbeiten können (Brunner 2008, S. 201ff). Zu den Stärken gehört die zeitliche und örtliche Unabhängigkeit und die schriftliche Fixierung der Ideen von Anfang an.

VORGEHENSWEISE

Es gibt zwei Varianten wie das kollektive Notizbuch eingesetzt werden kann. In der ersten Variante werden Ideen in nur einem Notizbuch gesammelt und eingetragen; das Buch wird von TeilnehmerIn zu TeilnehmerIn weitergereicht und ergänzt. In der zweiten Variante erhalten alle Teilnehmenden ihr eigenes Notizbuch, in das sie ihre Ideen eintragen und das sie ggf. auch weiterreichen können, um sich auszutauschen (Schallmo 2013, S. 112).

Die Durchführung erfolgt in drei Phasen:

Phase 1: Einführen

In der Einführungsphase erhalten die Teilnehmenden einen Notizblock und einen Stift. Beide Gegenstände sollten leicht in Hosentaschen verstaut werden können. Auf der ersten Seite des Notizblocks werden noch einmal das Ziel, die Fragestellung sowie die Kontaktdetails einer Ansprechperson gelistet.

Phase 2: Einführen

Im vorgegebenen Zeitraum notieren sich die Teilnehmenden dann regelmäßig (täglich und spontan) ihre Gedanken und Ideen zu der jeweiligen Aufgabenstellung. Ist die Teilnehmerzahl nicht zu hoch, dann können während des Durchführungsprozesses Notizbücher untereinander ausgetauscht oder weitergereicht werden. Die Bewertung der Ideen anderer ist hier nicht erlaubt, ein ergänzen der Ideen allerdings schon. Am Ende der Periode fasst jede(r) der Teilnehmenden die besten Ideen, konstruktiven Vorschläge oder neue Ideen noch einmal zusammen in seinem/ihrem Notizblock zusammen, da dies die Auswertung erleichtert. Die Notizbücher werden im Anschluss an den/die KoordinatorIn zurückgegeben.

Phase 3: Auswerten

In der Auswertungsphase erfolgt in mehreren Sitzungen die Auswertung der Notizen. Aufgrund der intensiven Beschäftigung mit einer Aufgabe werden die Teilnehmenden aktiviert, viele verschiedene Ideen und Lösungsansätze zu sammeln. Während der Durchführungsphase gibt es keine räumlichen Voraussetzungen und auch die Anzahl der „heterogenen" Teilnehmenden ist nicht beschränkt. Die Dauer der Durchführung ist variabel, liegt jedoch meist bei etwa 2 bis 4 Wochen.

PRAXISBEISPIELE UND QUELLEN

Brunner, A. (2008). Kreativer denken. Konzepte und Methoden von A – Z. Oldenbourg Wissenschaftsverlag GmbH.

Schallmo, D. R. A. (2013). Geschäftsmodelle erfolgreich entwickeln und implementieren. Mit Aufgaben und Kontrollfragen. Springer-Verlag Berlin Heidelberg.

METHODEN FÜR DIE ENTWICKLUNG EINER GESCHÄFTSMODELL-VISION

Die (Kunden-)Empathiekarte

IN KÜRZE	Die Technik der Kunden-Empathiekarte eignet sich zur systematischen Analyse von Kundenbedürfnissen. Sie unterstützt die Gestaltung kundenzentrierter Geschäftsmodelle durch das Einnehmen der Kundenperspektive: es gilt, die Aufgaben, Ansprüche und Werte der KundInnen, die das zukünftige Produkt nutzen werden, zu verstehen. Die Empathie-Karte kann in einem Workshop mit Einbeziehung wichtiger Stakeholder erstellt werden.	
PROJEKTPHASE	In der Projektumsetzung (zur Vorbereitung der Markteinführung)	
STAKEHOLDER	V.a. das Projektteam und die EndanwenderInnen des Dienstes (bzw. ihre VertreterInnen)	
ZIELSETZUNG	Erarbeiten des Kundennutzens (was)	■■■
	Erarbeitung der Zielgruppe (wer)	■■■
	Erarbeiten der Prozesse (wie)	■□□
	Erarbeitung des Ertragsmodells (Wert)	■■□
DURCHFÜHRUNG	Benötigtes Erfahrungswissen	■□□
	Zeitlicher Aufwand für die Vorbereitung	■□□
	Zeitlicher Aufwand für die Durchführung	■■□
	Material: Pinnwände, pro Kundenprofil eine große Vorlage der Empathiekarte und Post-it-Zettel und Stifte; sonstiges: Beim Workshop sollten max. 12 Personen teilnehmen. Vorwissen zu Kundensegmentierung ist dabei hilfreich.	

EINSATZ UND NUTZEN

Die Erstellung einer Kunden-Empathiekarte eignet sich sehr gut, um Bedürfnisse potenzieller Zielgruppen bzw. KundInnen zu analysieren und darauf aufbauend weitere Bausteine eines Geschäftsmodells konkret zu gestalten (z. B. das Wertangebot, Vertriebskanäle, Kundenbeziehungen und Einnahmequellen). Diese Technik versucht spezifische „Kundenprofile" zu erstellen, die Hinweise für die Ausgestaltung der Geschäftsmodell-Komponenten geben. Die Technik kann auch als Instrument im Rahmen der Business Model Canvas Methode eingesetzt werden.

Die Kunden-Empathiekarte ist eine relativ einfach durchzuführende Technik, die dennoch wertvolle Hilfestellungen bei der Entwicklung von Geschäftsmodellen leisten kann. Sie ist deshalb gerade auch für AAL-Projekte zu empfehlen: die Einstiegsbarrieren, sind gering, die mit der Nutzung verknüpften Risiken somit auch. Die Technik fördert das Sich-Hineinversetzen in andere Personen und damit das Verständnis für die jeweiligen Bedürfnisse.

An einem Workshop-Setting sollten maximal 12 Personen teilnehmen. Vorwissen zur Kundensegmentierung ist dabei hilfreich.

Im ersten Schritt werden nach demografischen Merkmalen verschiedene KundInnensegmente erstellt (z. B. nach Alter, Einkommen, Familienstand, Region). Dies kann schon vorbereitend vor dem Workshop geschehen (evt. mit Unterstützung der Marktforschung), oder es werden die Segmente gemeinsam mit den Workshop-TeilnehmerInnen festgelegt.

Dann wählen die Teilnehmenden mindestens drei repräsentative KundInnen aus und versuchen, sich in die Lage der betreffenden Personen zu setzen. Für jede Person erarbeiten die Teilnehmenden die Themenfelder der Empathie-Karte und befüllen die einzelnen Segmente der GM-Empathiekarte mittels Post-it-Zetteln. Osterwalder und Pigneur (2010, S. 135) schlagen u. a. folgende Fragen zu den Themen auf der Karte vor:

– Was sieht der Kunde in seinem Umfeld (Was sieht sie/er?) und was beeinflusst den Kunden in diesem Umfeld? (Was hört sie/er?)
– Was geht im Kopf des Kunden vor? (Was denkt und fühlt sie/er wirklich?)
– Wie verhält sich der Kunde in der Öffentlichkeit? (Was sagt und tut sie/er?)
– Welches sind die negativen/positiven Aspekte im Leben des Kunden?

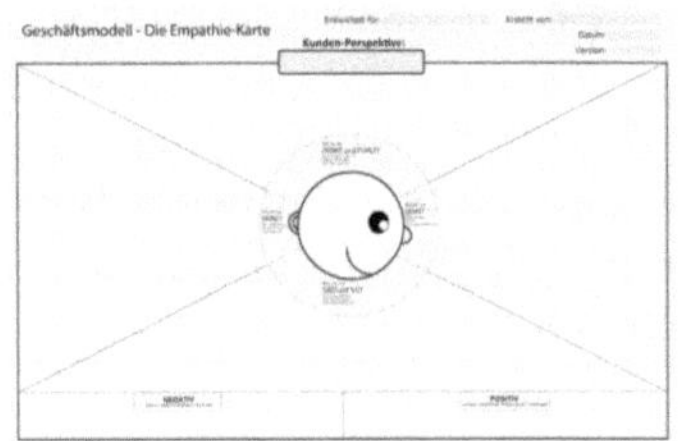

Abbildung 4: Die Emphathie-karte. Quelle: Walter, 2013

Das kontinuierliche Ausrichten des GM an diesen Kundenprofilen soll helfen, tragfähigere Geschäftsmodelle zu entwickeln. Die Geschäftsmodell-Komponenten sollen immer mit zentralen Kundenprofilen abgeglichen werden: Nach Osterwalder und Pigneur (2010, S. 137) löst dieses Wertangebot echte Kundenprobleme. Wären Sie wirklich bereit dafür zu bezahlen? Wie möchten Sie gerne angesprochen werden?

Osterwalder, A. & Pigneur, Y. (2011). Business Model Generation. Ein Handbuch für Visionäre, Spielveränderer und Herausforderer. Campus Verlag.
Walter, R. (2013). Werkzeuge – Empathie-Karte. Geschäftsmodell Blog. Online unter: http://geschaeftsmodell.blogspot.co.at/2013_02_01_archive.html am 20.05.2015
Slideshare.net, vgl. http://www.slideshare.net/konzeptwerkstatt

Egozentrierte Netzwerkanalyse

IN KÜRZE	Diese Methode unterstützt bei der Erhebung und Analyse der sozialen Umwelt bzw. der Beziehungen im sozialen Netzwerk einer einzelnen Person (= Ego). Mittels „Netzwerkkarten" werden im persönlichen Umfeld der zu untersuchenden Person die relevanten Akteure bzw. Referenzpersonen (= Alteri), die Beziehungen zwischen diesen Personen (= Ego-Alteri-Relationen) sowie die Eigenschaften und Qualität der Beziehungen (Alteri-Attribute) erhoben, visualisiert und gegebenenfalls verglichen. Die Methode hilft im Kontext der GM-Entwicklung v. a. bei der Spezifizierung der Zielgruppen und des Kundennutzens einer AAL-Lösung. Sie wird in einem Workshop-Setting durchgeführt.

PROJEKTPHASE	In der Projektumsetzung (beim Design der Lösung)

STAKEHOLDER	Direkte Stakeholder

ZIELSETZUNG		
	Erarbeiten des Kundennutzens (was)	■■□
	Erarbeitung der Zielgruppe (wer)	■■□
	Erarbeiten der Prozesse (wie)	■□□
	Erarbeitung des Ertragsmodells (Wert)	■□□

DURCHFÜHRUNG		
	Benötigtes Erfahrungswissen	■■□
	Zeitlicher Aufwand für die Vorbereitung	■□□
	Zeitlicher Aufwand für die Durchführung	■□□
	Sonstiges: Es gibt Softwareunterstützung zur Erstellung der Netzwerkkarten, z. B. easyNWK und VennMaker.	

EINSATZ UND NUTZEN

Die egozentrierte Netzwerkanalyse kann optional unterstützend und ergänzend zur Stakeholder-Analyse eingesetzt werden. Sie eignet sich besonders gut für AAL-Projekte, weil hier Netzwerke (der EndanwenderInnen) eine wichtige Rolle spielen – ein Verständnis dieser Netzwerke ist eine wichtige Voraussetzung zur Einschätzung und Bewertung, welchen Nutzen eine AAL-Lösung für die Zielgruppen hat, und wie diese Lösung am effektivsten zum Einsatz kommt.

Es ist eine unterstützende Technik, die sowohl Erkenntnisse für die (technische) Entwicklung der Lösung liefert als auch für die Konzeption des Geschäftsmodells. Im AAL-Kontext kann sie zur Erhebung, Visualisierung und zum Vergleich derzeitiger und zukünftiger (oft vielschichtiger) Interaktionsmuster von AAL-AnwenderInnen (v. a. im täglichen Umgang mit Einschränkungen und Pflege) eingesetzt werden. Für eine vergleichende Analyse sind beispielsweise folgende Parameter interessant: die Größe des persönlichen Netzwerks, die Anzahl an weiblichen und männlichen Kontakten, die Netzwerkgröße pro Netzwerksektor, „Stars" im Netzwerk, isolierte Person(en), Brückenperson(en).

Im ersten Schritt wird die Forschungsfrage festgelegt: Welches Netzwerk (Personencharakteristika) soll für welche Zielsetzung erhoben werden?

Danach werden relevante Personen und deren Beziehungen zum Ego sowie Verbindungen untereinander, innerhalb des gesuchten Netzwerkes in Umfragen (qualitative Interviews) erhoben. Mittels sogenannter „Namensgeneratoren" wird zunächst eine Liste von Alteri erstellt, die dem Ego-Netzwerk angehören (hilft zur Abgrenzung des Netzwerkes; zeigt den Typ von Beziehungen). Die „Namensinterpretatoren" helfen, die Charakteristika der erhobenen Beziehungstypen des Egos, zwischen Ego und Alteri und zwischen den Alteris näher zu beschreiben.

Beispielfragen für InterviewerInnen sind etwa (vgl. Zhong, o. J.): Wer kümmert sich um die Wohnung, wenn der/die Befragte abwesend ist? Mit wem bespricht der/die Befragte Arbeitsangelegenheiten? Wer hat in den letzten drei Monaten bei Arbeiten im und am Haus geholfen? Mit wem bespricht der/die Befragte persönliche Dinge?

Abschließend werden die Beziehungen mittels einer Netzwerkkarte veranschaulicht, bewertet und verglichen (papierbasiert oder digital). Es gibt unstrukturierte Netzwerkkarten, strukturierte Netzwerkkarten sowie strukturierte und standardisierte Netzwerkkarten.

Die Methode der egozentrierten Netzwerkanalyse wurde im europäischen AAL-Projekt „Go-myLife: Going on line: my social Life" EU- AAL-Projekt (AAL Joint Programme-2. Call; Nr: AAL-2009-2-89), Laufzeit: 2011 – 2013; http://www.gomylife-project.eu/) erprobt.

Herz, A. (2012). Ego-zentrierte Netzwerkanalysen zur Erforschung von Sozialräumen. In: sozialraum.de (4) Ausgabe 2/2012. Online unter: http://www.sozialraum.de/ego-zentrierte-netzwerkanalysen-zur-erforschung-von-sozialraeumen.php am 11.05.2015.

Jansen, D. (2006). Einführung in die Netzwerkanalyse: Grundlagen, Methoden, Forschungsbeispiele. 3. Auflage. VS Verlag für Sozialwissenschaften.

Kronenwett, M. (2012). Softwareunterstützte Netzwerkkarte. Online unter: http://upload.wikimedia.org/wikipedia/commons/f/fd/VennMaker-Karte_%28Wikipedia%29.png am 23.4.2015

Zhong, W. (o. J.). Egozentrierte Netzwerke und qualitative Netzwerkforschung. Seminararbeit an Otto von Guericke – Universität, Magdeburg. Online unter: http://egozentriertenetzwerke.weebly.com am 11.05.2015.

Fokusgruppen zur Geschäftsmodell-Entwicklung

IN KÜRZE	Eine Fokusgruppe ist eine moderierte Gruppendiskussion, in der SchlüsselkundInnen oder auch potentielle InteressentInnen einer AAL-Lösung sich zu bestimmten Themen austauschen und ihre Wahrnehmungen, Meinungen und Ideen teilen. Fokusgruppengespräche sind hilfreich, um den Kundennutzen und das Wertversprechen einer AAL-Lösung noch besser zu verstehen (und dann nach Möglichkeit zu optimieren), und dienen der Exploration offener Fragen rund um einzelne Bausteine eines Geschäftsmodells. Es kann damit auch sehr gut eine eventuell nachfolgende Befragung zum GM-Konzept vorbereitet werden.
PROJEKTPHASE	In der Projektumsetzung, wenn das Geschäftsmodell ausgearbeitet wird
STAKEHOLDER	EndanwenderInnen und möglichst alle Stakeholder, dir für den späteren Betrieb der AAL-Lösung gebraucht werden.

ZIELSETZUNG	Erarbeiten des Kundennutzens (was)	■■■
	Erarbeitung der Zielgruppe (wer)	■■■
	Erarbeiten der Prozesse (wie)	■■■
	Erarbeitung des Ertragsmodells (Wert)	■■■
DURCHFÜHRUNG	Benötigtes Erfahrungswissen	■■□
	Zeitlicher Aufwand für die Vorbereitung	■■□
	Zeitlicher Aufwand für die Durchführung	■■□
	Sonstiges: Flip-Chart, Stifte, Haftzettel, Mikrofon, Beamer, Leinwand, Videokamera	

EINSATZ UND NUTZEN

Fokusgruppen sind eine Methode, die sich für sehr viele Einsatzzwecke eignet, somit auch zur Unterstützung der Geschäftsmodell-Entwicklung. Gerade in AAL-Projekten werden Fokusgruppen bereits häufig genutzt, allerdings vor allem zur Erhebung von Anforderungen an die zu entwickelnde Lösung. Die methodische Kompetenz zur Organisation und Durchführung von Fokusgruppengesprächen könnte sinnvoll auch für die GM-Entwicklung zum Einsatz kommen.

Fokusgruppen gelten als besonders effizient, nämlich zeitsparend und vergleichsweise kostengünstig (vgl. Dammer und Szymkowiak 1998, S. 30). Innerhalb von kurzer Zeit können damit wichtige Erkenntnisse gewonnen werden. Als zentrale Erfolgsfaktoren dafür gelten die Auswahl der TeilnehmerInnen sowie eine gründliche Vorbereitung (z. B. welche Fragen gestellt werden) und eine professionelle Moderation.

VORGEHENSWEISE

Das Arbeiten mit Fokusgruppen wird in drei Phasen durchgeführt: die Vorbereitungsphase (v.a. Rekrutierung der Teilnehmenden, inhaltliche Planung der Diskussion), die Durchführungsphase (eine oder mehrere Diskussionsrunden), und hinterher die Analysephase (Auswertung der Ergebnisse).

Die Zusammensetzung der Fokusgruppen richtet sich nach der ausgewählten Fragestellung. Für die Größe der Fokusgruppe gibt es unterschiedliche Empfehlungen. Meistens wird jedoch eine Obergrenze von 10 Teilnehmenden genannt. Die Teilnehmenden sollten Interesse und eine gewisse Betroffenheit für die Thematik mitbringen, um Diskussionen in Gang zu bringen. Allzu große Unterschiede zwischen den Mitgliedern (z. B. soziodemografisch), aber auch Gemeinsamkeiten, sollten vermieden werden (vgl. Przyborski und Wohlrab-Sahr, 2010).

Idealerweise werden Fokusgruppen an einem unabhängigen Ort (z. B. Seminarhotel) abgehalten. Eine respektvolle und wohlwollende Atmosphäre begünstigt die aktive Teilnahme an der Diskussion. Die Dauer der Diskussionsrunde(n) kann je nach Intensität und Anzahl der Teilnehmenden stark variieren. Die Gruppendiskussion wird von ein bis zwei ModeratorInnen geleitet. Die Diskussion sollte idealerweise – das Einverständnis der Teilnehmenden vorausgesetzt – aufgenommen werden (Audio und/oder Video), um die Auswertung zu erleichtern. Die Auswertung und Analyse der Ergebnisse der Fokusgruppe erfolgt auf Basis der qualitativen Inhaltsanalyse (vgl. Mayring, 1990).

PRAXISBEISPIELE UND QUELLEN

Bloor, M.; Frankland, J.; Thomas, M. & Robson, K. (2001). Focus Groups in Social Research. London: Sage.

Breitenfelder, U.; Hofinger, C.; Kaupa, I. & Picker, R. (2004). Fokusgruppen im politischen Forschungs- und Beratungsprozess. Online unter: http://www.qualitative-research.net/index.php/fqs/article/view/591/1283 am 11.02.2015.

Bürki, R. (2000). Klimaänderung und Anpassungsprozesse im Wintertourismus. Climate Change and Adaptation to Winter Tourism. Ostschweizerische Geografische Gesellschaft, Neue Reihe Nr. 6, St. Gallen. Kapitel 6: Fokusgrupppen. S. 99 – 130. Online unter: http://www.breiling.org/snow/rb/kap6.pdf am 19.02.2015

Dammer, I. & Szymkowiak, F. (1998). Die Gruppendiskussion in der Marktforschung: Grundlagen - Moderation – Auswertung. Ein Praxisleitfaden. Opladen/Wiesbaden: Westdeutscher Verlag GmbH

Mayring, P. (1990). Qualitative Inhaltsanalyse (2nd ed.). Weinheim: Deutscher Studienverlag.

Lamnek, S. (2005). Gruppendiskussion – Theorie und Praxis. Weinheim: Beltz Verlag.

Przyborski, A. & Wohlrab-Sahr, M. (2010). Qualitative Sozialforschung. Ein Arbeitsbuch. München: Oldenbourg Verlag.

Szenario-Technik

IN KÜRZE	Die Szenario-Technik wird als Prognose und Analyseinstrument in unterschiedlichen Anwendungsbereichen eingesetzt. Sie unterstützt bei der strategischen Planung und zeigt mögliche zukünftige Situationen und dessen Entwicklungsverlaufs auf. Die Methodik ist – ähnlich wie eine SWOT-Analyse – stark skalierbar. AAL-Projekte können sich aber recht einfach die grundlegende Denkweise der Szenario-Technik aneignen und auf diese Weise – etwa unterschiedliche Szenarien für die Akzeptanz der angepeilten AAL-Lösung beschreiben.
PROJEKTPHASE	In der Projektumsetzungsphase (vor allem zur GM-Visionsentwicklung und -Prototypentwicklung)
STAKEHOLDER	ProjektleiterIn und auswählte Mitglieder des Konsortiums (die Einbeziehung der Stakeholder erfolgt indirekt)

ZIELSETZUNG		
Erarbeiten des Kundennutzens (was)		■■□
Erarbeitung der Zielgruppe (wer)		■□□
Erarbeiten der Prozesse (wie)		■□□
Erarbeitung des Ertragsmodells (Wert)		■□□

DURCHFÜHRUNG		
Benötigtes Erfahrungswissen		■■■
Zeitlicher Aufwand für die Vorbereitung		■■□
Zeitlicher Aufwand für die Durchführung		■■■
Sonstiges: es gibt spezielle Softwareprogramme (z. B. Szeno-Plan oder INKA) für die Anwendung der Szenario-Technik.		

EINSATZ UND NUTZEN

Mithilfe der Szenario-Technik können alternative denkbare Entwicklungen besser erfasst werden. Sie ermöglicht es, nicht mehr nur von linearen Prognosen ausgehen zu können, sondern Strategien für verschiedene denkbare Verläufe zu entwickeln. Erste Ansätze der Szenario-Technik im heutigen Verständnis gehen auf den militärischen Bereich zurück. Die Bedeutung der Technik als Analyse und Prognoseinstrument nahm in den 1970er Jahren stark zu, als strategische Planungsüberlegungen auch in der Wirtschaftspraxis stärker berücksichtigt wurden.

Die Szenario-Technik wird heute als Prognose und Analyseinstrument vor allem für folgende Anwendungsbereiche eingesetzt:

– für betriebs- und volkswirtschaftliche Problemstellungen,

– zur Entscheidungsvorbereitung und

– zur Abschätzung relevanter Entwicklungen für einzelne Produkte, Unternehmen oder auch ganzer Regionen.

In der Literatur werden verschiedene, unterschiedlich komplexe Verfahren für die Szenarien-Entwicklung vorgeschlagen. Das Grundprinzip besteht dabei meist aus folgenden Schritten:

1. Themendefinition und Ausgangssituation: Zunächst wird das Problemfeld bzw. die Schlüsselfrage festgelegt und der gegenwärtige Zustand beschrieben.

2. Einflussfaktoren festlegen: Es werden die möglichen Einflussfaktoren bestimmt, die auf das definierte Problemfeld wirken, und bezüglich ihrer Wirkungsintensität bewertet. Die Herausforderung liegt hier oft in der Quantifizierung der Faktoren (d. h. der Wahl geeigneter messbarer Indikatoren).

3. Annahmen zur Entwicklung: Erarbeitung von Annahmen für das Szenario-Zieljahr, wie sich die Einflussfaktoren entwickeln werden.

4. Bündelung der Faktoren: Damit die Zahl der Szenarien nicht ausufert, müssen die einzelnen Faktoren und alternativen Annahmen zu stimmigen Bündeln zusammengefasst werden. Dies erfordert Entscheidungen über die wesentlichen und weniger wichtige Einflussfaktoren.

5. Szenario-Entwicklung und Interpretation: Erstellung eines Szenario-Trichters (z. B. mit drei Szenarien - „wahrscheinlich", „optimistisch", „pessimistisch"), der mögliche Verläufe in Abhängigkeit von der Entwicklung der definierten Faktoren-Bündel beschreibt. Szenarien sind somit in der Regel „Wenn–Dann" Beschreibungen.

6. Ableitung von Strategien: Entwicklung von Strategien und Maßnahmen für die verschiedenen entwickelten Szenarien.

Buscher, I. (2011). Szenario-Projekt zur Versorgung von Menschen mit Demenz im Jahr 2030. Online unter: http://de.slideshare.net/PflegezentrumKrefeld/sze-dem-npkfinal1 am 21.05.2015
Freyer, B. (2004). Grundlagen der Szenariotechnik. Das Dokument entstand in einem dreijährigen Studienprojekt „Leben 2014" der Universität für Bodenkultur Wien und der Universität Salzburg.
Martin, A. (2013) Szenariotechnik. Online unter: http://www.uni-lueneburg.de/personal_fuehrung/index.php/Szenariotechnik am 21.05.2015

Walt-Disney-Technik

IN KÜRZE	Die Walt-Disney-Technik (nach Robert B. Dilts) ist eine Kreativitätstechnik, bei der eine Person oder mehrere Teilnehmende in unterschiedliche, vorgegebene Rollen schlüpfen. Es wird versucht ein Problem aus verschiedenen Blickwinkeln zu betrachten und zu diskutieren. Damit sollen Ziele und Visionen konkretisiert und alltagstauglich gestaltet werden.
PROJEKTPHASE	Projektinitiierung Projektumsetzung (v.a. zum Design der Lösung)
STAKEHOLDER	AAL-Projektkonsortium, je nach Ziel evt. auch externe Stakeholder aus dem Projektumfeld

ZIELSETZUNG	Erarbeiten des Kundennutzens (was)	■■■
	Erarbeitung der Zielgruppe (wer)	■□□
	Erarbeiten der Prozesse (wie)	■□□
	Erarbeitung des Ertragsmodells (Wert)	□□□

DURCHFÜHRUNG	Benötigtes Erfahrungswissen	■□□
	Zeitlicher Aufwand für die Vorbereitung	■■□
	Zeitlicher Aufwand für die Durchführung	■■□
	Sonstiges: Mindestens drei unterschiedlich gestaltete Umgebungen bzw. Sitzgelegenheiten (in verschiedenen Räumen oder Ecken eines Raumes).	

EINSATZ UND NUTZEN

Die Walt-Disney-Technik nach Robert B. Dilts (1994) ist eine Kreativitätstechnik, bei der eine Person oder mehrere Teilnehmende in vorgegebene Rollen schlüpfen und Ideen, Ziele sowie Probleme aus unterschiedlichen Blickwinkeln (wie jenen des „Träumers", „Kritikers" und „Realisten") betrachten und diskutieren. Diese Art von Rollenspiel soll aufgrund der unterschiedlichen Perspektiven, die eingenommen werden, dazu beitragen, ein Thema ganzheitlich erfassen, behandeln und lösen zu können.

Es ist keine Technik, die unmittelbar der Entwicklung von Geschäftsmodellen dient. Sie kann in AAL-Kontexten aber helfen, die für den Erfolg einer AAL-Lösung erforderlichen Rahmenbedingungen besser zu verstehen. Die Methodik kann in AAL-Projekten kombiniert für die Produkt- und Geschäftsmodellentwicklung eingesetzt werden. Die Technik ist schnell erlernbar und kann nach Praxiserfahrung auch ohne eine(n) SchiedsrichterIn bzw. ModeratorIn erfolgen.

1. Vorbereitung. Zur Vorbereitung sollten drei verschiedene Umgebungen (z. B. getrennte Räume) oder zumindest verschiedene Bereiche innerhalb eines Raums (z. B. in den Ecken) geschaffen werden. Auch gilt es so klar wie möglich festzulegen, welches Thema bzw. welche Fragestellung(en) mit der Walt-Disney-Technik bearbeitet werden soll(en). Die verschiedenen Rollen, die dann von den Teilnehmenden eingenommen werden sollen, sind üblicherweise (in dieser Reihenfolge, vgl. Heidenberger, o. J.):

– der Träumer, der beispielsweise seine (verrückten, „revolutionären") Ideen, Visionen, Träume, Gefühle, und Idealvorstellungen zum Thema notiert;
– der Realist, der die Visionen und Ideen des Träumers aufgreift und versucht praktisch umzusetzen; sowie
– der Kritiker, der die Visionen des Träumers hinterfragt und die Pläne des Realisten überprüft. Er zerlegt das bisher Erarbeitete in Einzelteile und überprüft es auf seine Machbarkeit.

2. Durchführung. In der Literatur werden gerne drei verschiedene Möglichkeiten der Durchführung der Walt-Disney-Methode unterschieden:

– Ein Teilnehmer durchläuft hintereinander die unterschiedlichen Rollen alleine.
– Ein Team aus mehreren Teilnehmenden durchläuft nacheinander alle drei Rollen gemeinsam.
– Drei Kleingruppen werden jeweils einer Rolle zugeteilt. Im Anschluss diskutieren diese über die Ergebnisse der verschiedenen Gruppen.

In der Regel stehen ca. 15 Minuten für jede Station zur Verfügung. Die Teilnehmer sammeln ihre Gedanken, Ideen und Gefühle und notieren diese. Der Kreislauf kann wiederholt werden, bis es keine neuen Überlegungen mehr gibt.

Dilts, R. B.; Epstein, T. & Dilts, R. W. (1994): Know-how für Träumer: Strategien der Kreativität, NLP & modelling, Struktur der Innovation. Junfermann Verlag, Paderborn.
Heidenberger, B. (o. J.). Ziele erarbeiten mit der Walt-Disney-Methode. Online unter: http://www.zeitblueten.com/news/walt-disney-methode/ am 12.05.2015
Martin, J.; Bell, R. & Farmer, E. (2000). B822 - Technique Library. The Open University, Milton Keynes/USA 2000. Online unter:
http://www.nlpuniversitypress.com/html/D30.html am 04.05.2015

METHODEN FÜR DIE ENTWICKLUNG EINES GM-PROTOTYPS

Business Model Canvas

IN KÜRZE	Der „Business Model Canvas" (deutsch: „Geschäftsmodell-Leinwand") ist eine Vorgehensweise zur systematischen Entwicklung von Geschäftsmodellideen mittels spezieller Visualisierungs- und Kreativitätstechniken, und unter aktiver Einbeziehung der relevanten Stakeholder. In der Regel werden in mehreren Workshops neun wesentliche Komponenten potentieller Geschäftsmodelle erarbeitet. Der Canvas gehört zurzeit zu den populärsten Methoden für die Entwicklung von Geschäftsmodellen und findet auch in AAL-Projekten bereits Verwendung.
PROJEKTPHASE	In der Projektumsetzung (zur Entwicklung von GM-Prototypen)
STAKEHOLDER	Interne und externe Stakeholder; möglichst alle Akteure, die für die Entwicklung und den Betrieb der AAL-Lösung von Bedeutung sind.

ZIELSETZUNG		
Erarbeiten des Kundennutzens (was)		■■■
Erarbeitung der Zielgruppe (wer)		■■■
Erarbeiten der Prozesse (wie)		■■■
Erarbeitung des Ertragsmodells (Wert)		■■■

DURCHFÜHRUNG		
Benötigtes Erfahrungswissen		■■□
Zeitlicher Aufwand für die Vorbereitung		■■□
Zeitlicher Aufwand für die Durchführung		■■■
Sonstiges: Leere Vorlage für Business Model Canvas unter: http://www.businessmodelgeneration.com/downloads/business_model_canvas_poster.		

EINSATZ UND NUTZEN

Die Methode des „Business Model Canvas" (von Osterwalder und Pigneur, 2011) beschreibt ein spezielles prozessorientiertes Vorgehen für die inhaltliche Erarbeitung eines Geschäftsmodells nach einem Baukastenprinzip. Der „Canvas" (Leinwand) besteht aus neun Komponenten, aus denen sich ein GM zusammensetzt und für die in Workshops verschiedene Ideen entwickelt und verglichen werden. Die Methode unterstützt die Analyse des Marktpotentials verschiedener Geschäftsideen und hilft dabei, Zusammenhänge bzw. Einflüsse auf ein GM nachvollziehbar beschreiben zu können. Es kommen spezielle Visualisierungstechniken und Vorlagen zum Einsatz. Zukünftige Entwicklungen können mit deren Hilfe strukturiert abgebildet und verschiedenen Varianten durchgespielt werden.

Das Modell des Business Model Canvas zerlegt ein Geschäftsmodell in neun Komponenten, die freilich miteinander in Verbindung stehen (siehe Abbildung): (1) die Kundensegmente, (2) die Wertangebote, (3) die (Distributions-)Kanäle, (4) die Kundenbeziehungen, (5) die Einnahmequellen, (6) die Schlüsselressourcen, (7) die Schlüsselaktivitäten, (8) die Schlüsselpartnerschaften und (9) die Kostenstruktur. Für diese Bausteine werden Vorschläge durch Leitfragen aus Sicht eines Unternehmens bzw. eines Projektkonsortiums in der Gruppe erarbeitet.

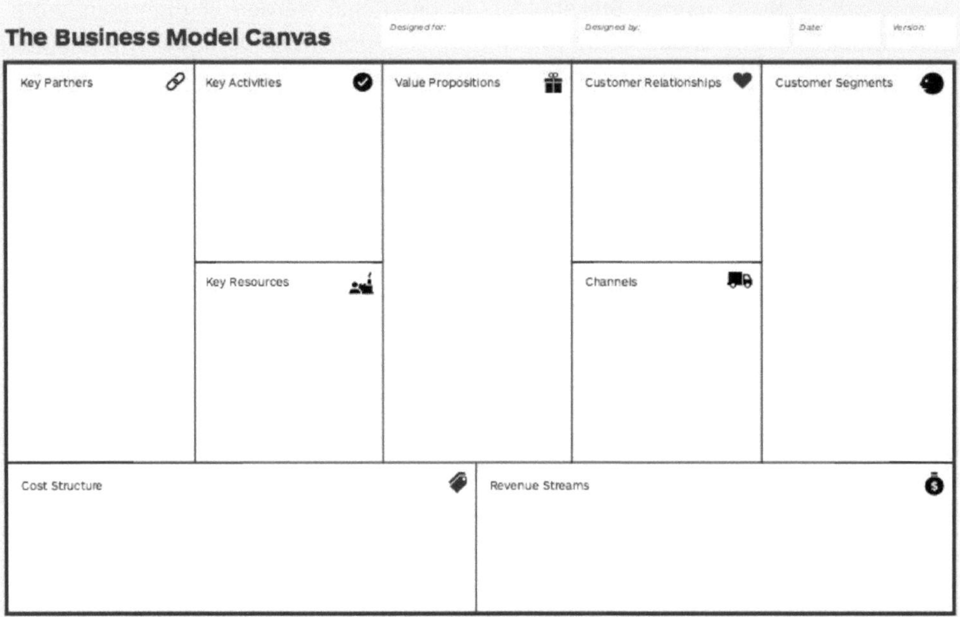

Abbildung 5: Die Bausteine des Business-Model-Canvas
Quelle: Strategyzer (2015)

An den Workshops sollten bis zu ca. 12 Personen teilnehmen, die unterschiedliche Perspektiven und Stakeholder-Gruppen repräsentieren (z. B. F&E, Marketing, Vertrieb). Empfehlenswert ist das Hinzuziehen eines Moderators bzw. einer Moderatorin, der/die mit der Methodik zumindest grundlegende vertraut ist (z. B. bereits selbst einmal an einem Business Model Canvas Workshop teilgenommen hat) und sich allgemein mit der Entwicklung von Geschäftsmodellen auskennt.

PRAXISBEISPIELE UND QUELLEN

Austrian Startups (2015). Workshop Business Model Canvas. Online unter: http://www.austrianstartups.com/event/workshop-business-model-canvas/ am 02.03.2015

Mesirca, M. (2012). Das Geschäftsmodell – Die Business Model Canvas. In: Blog OffensivGeist.de. Online unter: http://www.offensivgeist.de/das-geschaeftsmodell-die-business-model-canvas/ am 02.03.2015

Nagel, R. (2014). Werkzeugkiste: 38. Die Business Model Canvas. In: OrganisationsEntwicklung. Zeitschrift für Unternehmensentwicklung und Change Management. Nr. 1/2014. Online unter: http://www.osb-i.com/sites/default/files/publikationen/downloads/nagel_werkzeugkiste_die_business_model_canvas_zoe_1_2014.pdf am 02.03.2015

Osterwalder, A. & Pigneur, Y. (2011). Business Model Generation. Ein Handbuch für Visionäre, Spielveränderer und Herausforderer. Campus Verlag.

Strategyzer (2015). The Business Model Canvas. Online unter: http://www.businessmodelgeneration.com/downloads/business_model_canvas_poster.pdf am 02.03.2015

St. Galler Business Model Navigator

IN KÜRZE	Der Business Model Navigator ist eine prozessorientierte Methodik zur Entwicklung von Geschäftsmodellen. Diese erfolgt in vier Phasen (Initiierung, Ideenfindung, Integration und Implementierung) und mit Hilfe spezieller Techniken. Kernstück dabei ist die von der Universität St. Gallen entwickelte Technik zur Ideenfindung von Geschäftsmodellen anhand von 55 Basismodellen (Gassmann et al., 2013). Die Methode eignet sich auch gut für AAL-Projekte und für die Einbeziehung der Stakeholder in die Entwicklung.

PROJEKTPHASE	Projektinitiierung Projektumsetzung: Vorbereitung der Markteinführung

STAKEHOLDER	Direkte Stakeholder Indirekte Stakeholder Interne Stakeholder

ZIELSETZUNG		
Erarbeiten des Kundennutzens (was)	■■■
Erarbeitung der Zielgruppe (wer)	■■■
Erarbeiten der Prozesse (wie)	■■■
Erarbeitung des Ertragsmodells (Wert)	■■■

DURCHFÜHRUNG		
Benötigtes Erfahrungswissen	■■□
Zeitlicher Aufwand für die Vorbereitung	■■□
Zeitlicher Aufwand für die Durchführung	■■□
Sonstiges: Der Business Model Navigator ist eine Alternative zum Business Model Canvas. Beide Ansätze sind funktional und strukturell ähnlich.	

Der Business Model Navigator ist eine umfassende, prozessorientierte Methodik zur Entwicklung von Geschäftsmodellen in vier Phasen: (i) Initiierung, (ii) Ideenfindung, (iii) Integration und (iv) Implementierung. Dabei kommen verschiedene Techniken zum Einsatz. Das Vorgehen basiert auf einer empirischen Untersuchung der Universität St. Gallen in der festgestellt wurde, dass 90% aller neuen Geschäftsmodelle aus bereits existierenden Vorbildern bzw. aus der Re-Kombination derselben bestehen. In einer Bestandsaufnahme wurden 55 Geschäftsmodell-Muster identifiziert (siehe Gassmann et al., 2013).

Ein Geschäftsmodell besteht in diesem Konzept aus vier zentralen Komponenten, dem sogenannten „Wer-Was-Wie-Wert-Konstrukt" (S. 6): WER sind unsere Kunden (Zielgruppen)? WAS versprechen wir Ihnen (Nutzenversprechen)? WIE stellen wir die Leistung her (Wertschöpfungskette)? Wie erzielen wir WERT für die Leistung (Ertragsmechanik)?

VORGEHENSWEISE

Für die Anwendung der Methode wird üblicherweise ein Workshop-Setting mit mindestens 2-3 Tagen (max. 7 TeilnehmerInnen eines Unternehmens) vorgeschlagen. Es wird dazu ein erfahrener Moderator, der bei der Analogiebildung unterstützt und vorbereitende Unterlagen zur Umfeldanalyse (hilfreich ist die Verwendung der Arbeitsvorlagen von St. Galler Business Model Navigator) benötigt (vgl. Wagner 2014).

Ähnlich wie bei anderen Vorgehensmodellen zur Strategieentwicklung soll im ersten Schritt mittels Umfeldanalyse und Trendanalyse die sich ändernde Umwelt des Unternehmens bzw. der Kunden grundlegend verstanden werden. Welche Faktoren und Akteure haben in Zukunft Einfluss? Dazu können verschiedene Techniken aus der Methodensammlung herangezogen werden (z. B. PESTLE, Stakeholder-Analyse).

Aufbauend auf diesem Verständnis werden im zweiten Schritt für die neue Produktidee geeignete Geschäftsmodellideen unter Zuhilfenahme der 55 Geschäftsmodell-Musterkarten gesammelt. Dieser Prozess der Ideen-Generierung wird unterstützt durch eine spezielle Kreativitätstechnik, die nach „Ähnlichkeiten" oder „Gegensätzlichkeiten" des bestehenden Geschäftsmodells zu einem eventuell neuen Geschäftsmodell sucht (Ähnlichkeits- bzw. Konfrontationsprinzip). In der Praxis werden aus Zeitgründen nicht alle 55 Muster durchgearbeitet werden können; es sollte eine Vorauswahl von ca. 10 Mustern getroffen werden.

Danach wird die Eignung der adaptierten Geschäftsmodelle für die Realisierung bewertet. Dazu müssen die GM-Ideen einheitlich kurz beschrieben und in mehreren Zyklen von der Gruppe bewertet, verbessert oder auch ausgeschlossen werden.

PRAXISBEISPIELE UND QUELLEN

Von der Universität St. Gallen und dem Business Modell Innovation Lab werden mehrere Workshop-Behelfe angeboten, u.a.:

* Business Model Navigator Worksheet: 11 Arbeitsblätter (englisch): http://www.bmi-lab.ch/
* Business Modell Musterkarten (in Papierform oder Software; in deutscher und englischer Sprache): http://www.bmi-lab.ch/for-practitioners/bmi-pattern-cards.html
* Gassmann, O., Frankenberger, K., & Csik, M. (2013). Geschäftsmodelle entwickeln. 55 innovative Konzepte mit dem St. Galler Business Model Navigator. Hanser Verlag.
* Wagner, T. (2014). Entwicklung innovativer Geschäftsmodelle im digitalen Zeitalter. Tools, Methoden und Best Practices aus Forschung und Praxis. Masterarbeit im Studiengang Information Systems der Wirtschafts- und Sozialwissenschaftlichen Fakultät der Universität zu Köln.

Kosten-Nutzen-Analyse

IN KÜRZE	Die Kosten-Nutzen-Analyse ist eine Bewertungsmethode bei der versucht wird, nicht unmittelbar monetär messbare Größen (zum Beispiel qualitative Aspekte) zu „monetarisieren", ihnen also einen finanziellen Wert zuzuschreiben, und sie auf diese Weise mit den finanziell messbaren Größen (z. B. den Kosten für die Implementierung eines Dienstes) vergleichbar zu machen. So ist eine Einschätzung möglich, ob und wie weit der Nutzen von etwas (ausgedrückt in Geldwerten) die Kosten übersteigt. Das ist in der Regel eine Voraussetzung für die Umsetzung des Vorhabens. Die Kosten-Nutzen-Analyse unterstützt auch dabei, eine Auswahl unter möglichen Alternativen zu treffen.
PROJEKTPHASE	Projektinitiierung Projektumsetzung: Vorbereitung der Markteinführung
STAKEHOLDER	Direkte Stakeholder Indirekte Stakeholder Interne Stakeholder

ZIELSETZUNG		
Erarbeiten des Kundennutzens (was)		■■■
Erarbeitung der Zielgruppe (wer)		■□□
Erarbeiten der Prozesse (wie)		■■□
Erarbeitung des Ertragsmodells (Wert)		■■□

DURCHFÜHRUNG		
Benötigtes Erfahrungswissen		■■■
Zeitlicher Aufwand für die Vorbereitung		■■□
Zeitlicher Aufwand für die Durchführung		■■□
Sonstiges: Es empfiehlt sich, die Kosten-Nutzen-Analyse auf einzelne Stakeholder herunterzubrechen, d. h. für jeden Stakeholder getrennt zu ermitteln. So werden Interessenkonflikte sichtbar.		

EINSATZ UND NUTZEN

Die Kosten-Nutzen-Analyse (KNA) wird üblicherweise als Entscheidungshilfe verwendet, ob bestimmte Leistungen vom öffentlichen Sektor bereitgestellt werden sollen (der Nutzen muss die Kosten übersteigen). Durch den vermehrten Einsatz neuer AAL-Technologien im gesundheitlichen und pflegerischen Bereich treten auch hier Fragen nach der Wirtschaftlichkeit des Einsatzes zunehmend in den Vordergrund. Zur Untersuchung und Prüfung der Wirtschaftlichkeit kann die Kosten-Nutzen-Analyse herangezogen werden. Sie ist eine Methode zur Bewertung verschiedener alternativen Vorhaben, von denen diejenige ausgewählt wird, welche die günstigste Relation zwischen den Gesamtkosten und -nutzen aufweist. Die Kosten-Nutzen-Analyse dient somit als wichtige Entscheidungshilfe, um Erfolge und eventuell auftretende Risiken gegenüberzustellen und frühzeitig zu erkennen (Drews & Hillebrandt 2007, S. 93 f.).

VORGEHENSWEISE

Üblicherweise wird eine KNA in folgenden Schritten durchgeführt:

1. Problemfeld definieren: Beschreibung der gemeinsamen Bezugsgröße.

2. Alternativen feststellen: Auswahl und Festlegung möglicher Alternativen (falls das Instrument zur Entscheidung zwischen mehreren Optionen dienen soll).

3. Beurteilungskriterien auswählen: Bestimmung von Messkriterien sowohl auf der Kosten- als auch der Nutzenseite, um Alternativen vergleichen zu können. Die große Herausforderung dabei besteht in der Regel in der eine Quantifizierung (Monetarisierung) von qualitativen Faktoren, die nicht direkt gemessen werden können, aber dennoch einen konkreten Nutzen darstellen (z. B. Bedienerfreundlichkeit, Lebensqualität für PatientInnen).

4. Datenerhebung: Sammlung der erforderlichen Daten für die Kalkulation der Kosten und Nutzung anhand der definierten Kriterien.

5. Bewertung der Alternativen: Kalkulation der Kosten und Nutzen, Analyse und Bewertung der Ergebnisse (und evt. Alternativen).

6. Ableitung von Maßnahmen (falls erforderlich, z. B. um identifizierte Kostentreiber zu reduzieren).

Diese Methodik kann gerade auch für AAL-Projekte in mehrfacher Hinsicht ein sehr mächtiges und wertvolles Instrument sein. Es empfiehlt sich, die KNA auf einzelne Stakeholder herunterzubrechen, d. h. für jeden Stakeholder getrennt zu ermitteln, welche Kosten und Nutzen durch die Einführung der geplanten AAL-Lösung auf ihn zukämen. So lässt sich nicht nur der allgemeine Nutzen einer AAL-Lösung quantitativ abbilden, sondern auch ermitteln, wer davon in welchem Maß profitiert (oder die Kosten zu tragen hat). So werden Interessenkonflikte frühzeitig deutlich. Allerdings erfordert diese detaillierte Analyse ein erhebliches Maß an Methodenwissen und auch viel Aufwand in der Durchführung.

PRAXISBEISPIELE UND QUELLEN

AAL in der Praxis. Ein Leitfaden zur Implementierung von AAL-Testregionen und zur AAL-Effizienzmessung. Online unter: http://www.wpu.at/integraal/index_htm_files/IntegrAAL-%20Leitfaden%202014-12-30.pdf
Drews, G. und Hillebrandt, N. (2007). Lexikon der Managementmethoden. München 2007, S. 92-99. Online unter: https://books.google.at/books?hl=de&id=Z06ItH4vb0gC&q=Kosten-Nutzen#v=snippet&q=Kosten-Nutzen&f=false am 25.05.2015

METHODEN ZUR IMPLEMENTIERUNG EINES GESCHÄFTSMODELLS

Business Wargaming

IN KÜRZE	Die Methode des „Business Wargaming" ist eine Simulationsmethode zur Überprüfung strategischer Entscheidungen. Verschiedene Teams (mehrere Wettbewerberteams, das Marktteam, das Kontrollteam) untersuchen dabei die sich ändernde Umweltdynamik und Wettbewerbssituation eines Unternehmens bzw. Projekts. Aus den im Spiel gemachten Erfahrungen werden Handlungsmaßnahmen abgeleitet.	
PROJEKTPHASE	Projektumsetzung oder Nachprojektphase (zur Vorbereitung der Markteinführung)	
STAKEHOLDER	Interne Stakeholder, Umsetzungspartner für die Implementierung und den Betrieb der AAL-Lösung	
ZIELSETZUNG	Erarbeiten des Kundennutzens (was)	■■■
	Erarbeitung der Zielgruppe (wer)	■■■
	Erarbeiten der Prozesse (wie)	■■□
	Erarbeitung des Ertragsmodells (Wert)	■■■
DURCHFÜHRUNG	Benötigtes Erfahrungswissen	■■■
	Zeitlicher Aufwand für die Vorbereitung	■■■
	Zeitlicher Aufwand für die Durchführung	■■□
	Sonstiges: Moderator mit Input zur Zielsetzung (Geschäftsmodell-Simulation), Spielhandbuch, evt. Computermodell	

Strategiespiele sind aus der militärischen Strategieführung hinlänglich bekannt. Die Übertragung dieser Methoden in die Unternehmenswelt wurde seit Mitte letzten Jahrhundert von internationalen Strategieberatern vorangetrieben und nahm seitdem Einzug in die Unternehmensführung und Managementwissenschaft. Der Nutzen der Simulationsmethode „Business Wargaming" liegt in der relativ kostengünstigen Überprüfung der Auswirkungen komplexer, strategischer Entscheidungen, z. B. die Beurteilung der Reaktionen der Wettbewerber auf neue Geschäftsmodelle (vgl. Oriesek, D. & Schwarz, J. O., 2009).

Die Methode eignet sich besonders für die Beurteilung der Reaktionen der Wettbewerber bei Einführung neuer Geschäftsmodelle und ermöglicht eine Anpassung der geplanten Geschäftsmodell-Komponenten. Sie empfiehlt sich im AAL-Kontext eher für große Projekte, bei denen viel auf dem Spiel steht, und daher entsprechend große Ressourcen für die Entwicklung und Markteinführung eines neuen Produkts bereit stehen.

In der Regel werden für die ein- bis zweitägige Simulation vier bis acht Teams (Führungskräfte) gebildet, die jeweils für einen Mitspieler (Konkurrent) stehen, der im jeweiligen Unternehmens- oder Projektumfeld relevant ist. Je nach Anwendungsbereich können diese Mitspieler auch für strategisch wichtige Stakeholder stehen, wie z. B. eine Regierung, Datenschutzbeauftragte oder einen Schlüsselkunden. Vorgesehen sind:

– ein Firmenteam (= Unternehmen/Projektkonsortium, das mit der Durchführung des Wargaming Antworten auf strategische Schlüsselfragen sucht);
– mehrere Wettbewerberteams (Führungskräfte des eigenen Unternehmens spielen Mitarbeiter des Konkurrenzunternehmens);
– ein Marktteam (spielt die Abnehmer am Markt; vergleicht Angebote aller Unternehmen; wird gespielt von Marktexperten des eigenen und anderen Unternehmens; erhalten Fakten vom Spielhandbuch);
– ein Kontrollteam (Leitung und Moderation des Spiels; Branchenexperten).

Der Ablauf besteht in der Regel aus folgenden Phasen:

– Briefing für Moderatoren vom Auftragsteam (Auftragsklärung, Festlegung der Zielsetzung, Spieldesign/Rundenanzahl);
– Erstellung des Spielhandbuchs mit Informationen und Aufgaben für die jeweiligen Teams;
– Bei größeren Vorhaben: ein Vorbereitungsworkshop mit den Teilnehmenden;
– Durchführung der Spielrunden (mindestens 2-3) mit jeweiligen Zwischenanalysen und Auswertungen (Plenarsitzungen);
– Nachbereitung und Gesamtauswertung.

Fachhochschule Dortmund: Büchler, J.P. (2013). Business Wargaming: Grundlagen, Methodik und Relevanz in der strategischen Planung. Fachhochschule Dortmund.
Oriesek, D. & Schwarz, J. O. (2009). Business Wargaming: Unternehmenswert schaffen und schützen. uniscope. Publikationen der SGO Stiftung. Gabler GWV Fachverlag. Online unter: http://www.business-wargaming.com am 18.05.2015
Spitzner, J. (2012). Strategische Simulation im Unternehmen. Was ist eigentlich Business Wargaming? Online unter: https://www.risknet.de/themen/risknews/was-ist-eigentlich-business-wargaming/9f046df456dc2f046b3988e27ec84da4 am 04.05.2015

AUSBLICK UND EMPFEHLUNGEN

Aus den Arbeiten an der Studie haben wir Schlussfolgerungen in Form einiger Handlungsempfehlungen für die AAL Community und die Politik gezogen. Diese sind als Handlungsfelder verstanden werden, mit denen sich unserer Einschätzung nach die Akteure auseinandersetzen sollten. Bei der Ausgestaltung konkreter Maßnahmen zu den einzelnen Feldern besteht Spielraum und Flexibilität. Eine ausführlichere Begründung und Beschreibung der Handlungsempfehlungen findet sich in Abschnitt 6 des Studienberichts.

Handlungempfehlungen für die AAL Community

1. Die AAL Community sollte die (bereits bestehende) Bereitschaft zur systematischen Befassung mit Geschäftsmodellen weiter stärken und hier Kompetenz aufbauen. –

2. Das bestehende Know-how in der Nutzung von Einbeziehungsmethoden (bei der Entwicklung von AAL-Lösungen) sollte auch zur Entwicklung von Geschäftsmodellen genutzt werden

3. Die Entwicklung eines Geschäftsmodells sollte als Prozess aufgesetzt sein, der parallel zur technischen Entwicklung des Dienstes verläuft.

4. In Projekten sollte frühzeitig ein Koordinator für die Entwicklung des Geschäftsmodells festgelegt werden, der idealerweise auch über Methodenwissen verfügt.

5. In allen Projekten sollte als einer der ersten Schritte eine gründliche Stakeholder-Analyse durchgeführt werden.

Handlungsempfehlungen für die Politik

1. Bei den Zielsetzungen und Fördermechanismen für AAL-Projekte sollte stärker zwischen explorativen Projekten und Unterstützungen bei der Markteinführung differenziert werden.

2. Der Kompetenzaufbau zum Thema Geschäftsmodell-Entwicklung innerhalb der AAL Community sollte durch spezielle Angebote (z. B. Seminare) gefördert werden.

3. Die systematische Entwicklung von Geschäftsmodellen, unter Einbeziehung der relevanten Stakeholder, sollte in Ausschreibungen explizit eingefordert werden. Im Sinne von „Fördern und Fordern" sollten Konsortien (komplementär zu Empfehlung 2) dazu angehalten werden, sich bereits bei der Ausarbeitung von Projektvorschlägen Überlegungen zur Entwicklung des Geschäftsmodells zu machen.

LITERATURVERZEICHNIS

Verwendete Literatur

Analogietechnik. Atelier für Ideen AG. Online unter: http://www.ideenfindung.de/Analogietechnik-Kreativit%C3%A4tstechnik-Brainstorming-Ideenfindung.html am 5.5.2015

Anders, J. (2015). Blog: Sehen-Lernen: Lean-Kaizen-Selbstmanagement. Eintrag (o. J.). Die 3 magischen Fragen des Gemba Walks. Online unter: http://sehen-lernen.com/die-3-magischen-fragen-des-gemba-walks am 06.05.2015

Austrian Startups (2015). Workshop Business Model Canvas. Online unter: http://www.austrianstartups.com/event/workshop-business-model-canvas/ am 02.03.2015

Bloor, M.; Frankland, J.; Thomas, M. & Robson, K. (2001). Focus Groups in Social Research. London: Sage.

Breitenfelder, U.; Hofinger, C.; Kaupa, I. & Picker, R. (2004). Fokusgruppen im politischen Forschungs- und Beratungsprozess. Online unter: http://www.qualitative-research.net/index.php/fqs/article/view/591/1283 am 11.02.2015.

Brunner, A. (2008). Kreativer denken. Konzepte und Methoden von A – Z. Oldenbourg Wissenschaftsverlag GmbH.

Bürki, R. (2000). Klimaänderung und Anpassungsprozesse im Wintertourismus. Climate Change and Adaptation to Winter Tourism. Ostschweizerische Geografische Gesellschaft, Neue Reihe Nr. 6, St. Gallen. Kapitel 6: Fokusgrupppen. S. 99 – 130. Online unter: http://www.breiling.org/snow/rb/kap6.pdf am 19.02.2015

Dammer, I. & Szymkowiak, F. (1998). Die Gruppendiskussion in der Marktforschung: Grundlagen - Moderation – Auswertung. Ein Praxisleitfaden. Opladen/Wiesbaden: Westdeutscher Verlag GmbH

Dilts, R. B.; Epstein, T. & Dilts, R. W. (1994). Know-how für Träumer: Strategien der Kreativität, NLP & modelling, Struktur der Innovation. Junfermann Verlag, Paderborn.

Gersch M. (Hrsg) (2012). AAL- und E-Health-Geschäftsmodelle. Verlag Westdeutscher Verlag GmbH.

Heidenberger, B. (o. J.). Ziele erarbeiten mit der Walt-Disney-Methode. Online unter: http://www.zeitblueten.com/news/walt-disney-methode/ am 12.05.2015

Hermann, A. & Huber, F. (2009). Produktmanagement: Grundlagen, Methoden, Beispiele. Gabler Verlag.

Herz, A. (2012). Ego-zentrierte Netzwerkanalysen zur Erforschung von Sozialräumen. In: sozialraum.de (4) Ausgabe 2/2012. Online unter: http://www.sozialraum.de/ego-zentrierte-netzwerkanalysen-zur-erforschung-von-sozialraeumen.php am 11.05.2015.

Hill, T. & Westbrook, R. (1997). "SWOT Analysis: It's Time for a Product Recall" In: Long Range Planning, Vol. 30 (1997), No. 1, S. 46 – 52. Online unter: http://www.researchgate.net/publication/262890747_SWOT_Analysis_It%27s_Time_for_a_Product_Recall am 08.05.2015

Hoffmeister, C. (2013). Digitale Geschäftsmodelle richtig einschätzen. Carl Hanser Verlag GmbH & Co. KG

Homburg, C. & Krohmer, H. (2009). Marketingmanagement: Strategie – Instrumente – Umsetzung – Unternehmensführung. Gabler Verlag.

Horton, G. (o. J. - a). Ideen für Geschäftsmodelle finden durch 'IBMisieren' - Blog der Innovationsberatung – Zephram GbR. Online unter: http://www.zephram.de/blog/geschaeftsmodellinnovation/ideen-finden-geschaeftsmodelle-ibmisieren/ am 5.5.2015

Horton, G. (o. J. - b). Geschäftsmodellierung üben mit dem „Kuhspiel". Blog der Innovationsberatung – Zephram GbR. Online unter: http://www.zephram.de/blog/geschaeftsmodellinnovation/geschaeftsmodellierung-ueben-kuhspiel/ am 5.5.2015

Högsdal, N.; Pflumm, M. & Daul, F. (2014). Business Wargames zur Entwicklung von Strategien. In: Schwägele, S.; Zürn, B. & Trautwein, F. (Hg.): Planspiele - Erleben, was kommt. Entwicklung von Zukunftsszenarien und Strategien. Norderstedt: Books on Demand GmbH (ZMS-Schriftenreihe, 5, S. 19 – 32).

Holocher-Ertl T. & Schwarz-Wölzl M. – (2011). How to set up a win-win-situation in end-user involvement processes – the potential of participatory methods. Holocher-Ertl https://www.zsi.at/en/object/publication/2453, am 4.6.2015.

Holocher-Ertl T. & Schwarz-Wölzl M. – (2011). Participatory_Workshops. Version: 1.0 28/02/2011.D2_2_Participatory_Workshops_No1.(PDF).https://www.zsi.at/en/object/project/1027 am 4.6.2015.

Jansen, D. (2006). Einführung in die Netzwerkanalyse: Grundlagen, Methoden, Forschungsbeispiele. 3. Auflage. VS Verlag für Sozialwissenschaften.

Katenkamp, O. (2010). Implizites Wissen in Organisationen. Konzepte, Methoden und Ansätze im Wissensmanagement. Springer Verlag.

Kronenwett, M. (2012). Softwareunterstützte Netzwerkkarte. Online unter: http://upload.wikimedia.org/wikipedia/commons/f/fd/VennMaker-Karte_%28Wikipedia%29.png am 23.4.2015

Lamnek, S. (2005). Gruppendiskussion – Theorie und Praxis. Weinheim: Beltz Verlag.

Martin, J.; Bell, R. & Farmer, E. (2000). B822 - Technique Library. The Open University, Milton Keynes/USA 2000. Online unter: http://www.nlpuniversitypress.com/html/D30.html am 04.05.2015

Mayring, P. (1990). Qualitative Inhaltsanalyse (2nd ed.). Weinheim: Deutscher Studienverlag.

Mesirca, M. (2012). Das Geschäftsmodell – Die Business Model Canvas. In: Blog OffensivGeist.de. Online unter: http://www.offensivgeist.de/das-geschaeftsmodell-die-business-model-canvas/ am 02.03.2015

Nagel, R. (2014). Werkzeugkiste: 38. Die Business Model Canvas. In: OrganisationsEntwicklung. Zeitschrift für Unternehmensentwicklung und Change Management. Nr. 1/2014. Online unter: http://www.osb-i.com/sites/default/files/publikationen/downloads/nagel_werkzeugkiste_die_business_model_canvas_zoe_1_2014.pdf am 02.03.2015

Nedopil, C. et al. (2013). The art and joy of user integration in AAL-projects. AAL-User Integration Guideline. AAL-Association. Belgium.

Online Lexikon Wikipedia (2015). Teilnehmende Beobachtung. Online unter: http://de.wikipedia.org/wiki/Teilnehmende_Beobachtung am 17.05.2015.

Oriesek, D. & Schwarz, J. O. (2009). Business Wargaming: Unternehmenswert schaffen und schützen. uniscope. Publikationen der SGO Stiftung. Gabler GWV Fachverlag. Online unter: http://www.business-wargaming.com/ am 18.05.2015

Osterwalder, A. & Pigneur, Y. (2011). Business Model Generation. Ein Handbuch für Visionäre, Spielveränderer und Herausforderer. Campus Verlag.

Przyborski, A. & Wohlrab-Sahr, M. (2010). Qualitative Sozialforschung. Ein Arbeitsbuch. München: Oldenbourg Verlag.

Reich, K. (Hg.) (2007). Methodenpool. Technik: Erzählung. In: Methodepool Universität Köln. Online unter: http://methodenpool.uni-koeln.de/erzaehlung/frameset_erzaehlung.html; http://methodenpool.uni-koeln.de 2007 ff.

Reinmann-Rothmeier, G.; Erlach, C. & Neubauer, A. (2000). Erfahrungsgeschichten durch Story Telling – eine multifunktionale Wissensmanagement-Methode (Forschungsbericht Nr. 127). München: Ludwig-Maximilians-Universität, Lehrstuhl für Empirische Pädagogik und Pädagogische Psychologie. Forschungsbericht Nr. 127, Oktober 2000.

Schallmo, D. R. A. (2013). Geschäftsmodelle erfolgreich entwickeln und implementieren. Mit Aufgaben und Kontrollfragen. Springer-Verlag Berlin Heidelberg. Online unter: http://www.springer.com/de/book/9783642379932 am 5.5.2015

Simon, W. (2011). Das Wargaming. In: Gabals großer Methodenkoffer Zukunft. Konzepte, Methoden, Instrumente. GABAL Verlag.

Spitzner, J. (2012). Strategische Simulation im Unternehmen. Was ist eigentlich Business Wargaming? Online unter: https://www.risknet.de/themen/risknews/was-ist-eigentlich-business-wargaming/9f046df456dc2f046b3988e27ec84da4/ am 04.05.2015

Springer Gabler Verlag (2015). Gabler Wirtschaftslexikon – SWOT-Analyse. Online unter: http://wirtschaftslexikon.gabler.de/Archiv/326727/swot-analyse-v3.html am 23.02.2015

Strategyzer (2015). The Business Model Canvas. Online unter: http://www.businessmodelgeneration.com/downloads/business_model_canvas_poster.pdf am 02.03.2015

Swotanalyse.org (2015). Die SWOT-Analyse. Online unter: http://swotanalyse.org/ am 23.02.2015

Vohle, F. & Reinmann-Rothmeier, G. (2000). Analogietraining zur Förderung von Kommunikation und Innovation im Rahmen des Wissensmanagements. (Forschungsbericht Nr. 128). München: Ludwig-Maximilians-Universität, Lehrstuhl für Empirische Pädagogik und Pädagogische Psychologie. Forschungsbericht Nr. 128, Oktober 2000

Walter, R. (2013). Werkzeuge – Empathie-Karte. Geschäftsmodell Blog. Online unter: http://geschaeftsmodell.blogspot.co.at/2013_02_01_archive.html am 20.05.2015

Wittmann, R. G.; Leimbeck, A. & Tomp, E. (2006). Innovationen erfolgreich steuern. REDLINE Verlag.

Zhong, W. (o. J.). Egozentriete Netzwerke und qualitative Netzwerkforschung. Seminararbeit an Otto von Guericke – Universität, Magdeburg. Online unter: http://egozentriertenetzwerke.weebly.com am 11.05.2015.

Vorgehensmodelle zur Entwicklung und Einschätzung von Geschäftsmodellen

Bieger T., Kyphausen-Aufseß D., Krys C. (2011). Innovative Geschäftsmodelle. Konzeptionelle Grundlagen, Gestaltungsfelder und unternehmerische Praxis. Springer Verlag.

Gassmann, O., Frankenberger, K., Csik, M. (2014). The Business Model Navigator. 55 Models that will revolutionize your Business. FT Publishing/Pearson. London NY. Materialien: http://www.bmi-lab.ch/

Gassmann, O., Frankenberger, K., Csik, M. (2013). Geschäftsmodelle entwickeln. 55 innovative Konzepte mit dem St. Galler Business Model Navigator. Hanser Verlag.

Hoffmeister, C. (2103). Digitale Geschäftsmodelle richtig einschätzen. Carl-Hanser Verlag. München.

Osterwalder & Pigneur (2011). Business Model Generation. Ein Handbuch für Visionäre, Spielveränderer und Herausforderer. Materialien: http://www.businessmodelgeneration.com/

Schallmo, D. (Hrsg.) (2014). Kompendium Geschäftsmodelle-Innovation. Springer Gabler Verlag.

Schallmo, D. (2013). Geschäftsmodelle erfolgreich entwickeln und implementieren. Mit Aufgaben und Kontrollfragen. Springer Gabler Verlag.

Wirtz B. W. (2013). Business Model Management. Design-Instrumente-Erfolgsfaktoren von Geschäftsmodellen. 3.Aufl. Springer, Gabler.

Literatur zu Einbeziehungsmethoden bzw. Geschäftsmodellen spezifisch im AAL- und E-Health-Bereich

Böhm, M.; Leimeister, J. M. & Krcmar, H. (2010): Geschäftsmodelle für den Personal Health Manager. In: Hybride Wertschöpfung in der Gesundheitsförderung. Innovation – Dienstleistung–IT. Hrsg./Editors: Leimeister, J. M.; Krcmar, H.; Halle, M. & Möslein, K. Verlag/Publisher: EUL, Lohmar, Germany. 2010. Seiten/Pages: 213-222.Link: http://pubs.wikassel.de/wp-content/uploads/2013/03/JML_246.pdf

BMBF/VDE Innovationspartnerschaft AAL (2012) (Hrsg). Ambient Assisted Living – Ein Markt der Zukunft. Potenziale, Szenarien, Geschäftsmodelle. VDE Verlag GmbH.

Borrmann J. (2012). Ökonomisches Potenzial von Ambient Assisted Living. Neue Märkte für INNOVATIVE Unternehmen: Generationen, Technologien, Potenziale. Präsentation bei der Wirtschaftskammer Österreich, 17. September 2012

Drobics M. (2013): Zwischenergebnisse aus dem Arbeitskreis „Erfahrungsaustausch. (AKPräsentation).

Göbl B. 2013. Business Case Aal aus der Sicht von Betroffenen – AAL Informationsverarbeitung. Positionspapier-AAL. Arbeitskreis Businesscase/ Informationsinfrastruktur. ADV. Link: http://www.aal.at/sites/default/files/Positionspapier%202013%20eHI%20AAL_0.pdf. –

Klaus, H., Galkow-Schneider, M., Gerneth, M., Carius-Düssel, C. & Schultz, M. (2011). 2 Geschäftsmodell-Ansätze für AAL-Services im häuslichen Umfeld. Beitrag zum 4. Deutschen AAL-Kongress, 25.-26. Januar 2011, Berlin.

Fachinger U., Schöpke B., Schweigert H. (2012). Systematischer Überblick über bestehende Geschäftsmodelle im Bereich assistierender Technologien. Universität Vechta-Discussion Paper 7/2012.

Nedophil C., Schauber, C. & Glende, S. (2013): Guideline. The Art and Joy of User Integration into AAL Projects. Ambient Assisted Living Association.

Schwarzer, I., Rong, O., Köbler, F. & Krcmar, H. (2012). Handlungsempfehlungen zur Gestaltung von Geschäftsmodellen im „sozialen Umfeld" am Beispiel Partnerschaften, Nutzenversprechen und Kostenstruktur. Beitrag zum 5. Deutschen AAL-Kongress, 24.-25. Januar 2012, Berlin.

Stähler, P. (2002). Geschäftsmodelle in der digitalen Ökonomie. Merkmale, Strategien und Auswirkungen. Electronic Commerce Bd. 7. Josef Eul Verlag.

Wallin, A., Isomurso M. (2012) Toolkit do develop business and business models suitable for AAL project participants. VTT Technical Research Centre of Finland. AAL Business Support Action. D4.2.

Wirtz, B.W. (2013). Business Model Management. Design – Instrumente – Erfolgsfaktoren von Geschäftsmodellen. Gabler Verlag.

WPU Wirtschaftspsychologische Unternehmensberatung GmbH (2013). Studie zur Geschäftsmodellentwicklung für den AAL-Markt unter Berücksichtigung der österreichischen Rahmenbedingungen. Abschlussbericht zum benefit Projekt 835864.

DIE REIHE „INNOVATIONLAB ARBEITSBERICHTE"

In der Reihe „InnovationLab Arbeitsberichte", herausgegeben vom Forschungsbereich InnovationLab der Salzburg Research Forschungsgesellschaft mbH sind bisher folgende zwei Bände erschienen:

Band 1 (April 2015)
Europäische Kulturstraßen und Naturwege 2.0: Vermittlung von kulturellem Erbe mit mobilen Informations- – und Kommunikationstechnologien am Beispiel des Weitwanderweges „SalzAlpenSteig"
(Veronika Hornung-Prähauser und Diana Wieden-Bischof)

ISBN 978-3-734786-88-4

Band 2 (März 2016)

Geschäftsmodelle für AAL-Lösungen entwickeln
durch systematische Einbeziehung der Anspruchsgruppen
(Veronika Hornung-Prähauser, Hannes Selhofer
und Diana Wieden-Bischof)

ISBN 978-3-739239-30-9

Band 3 (April 2016)

Das Potential verfügbarer Daten für Forschung und Entwicklung
von Active and Assisted Living bzw.
Ambient Assisted Living (AAL)
(Sandra Schön, Cornelia Schneider, Diana Wieden-Bischof und Viktoria Willner)

ISBN 978-373-9-239-28-6